本书研究得到国家重点研发计划项目（课题编号：2017YFC1703303）
与国家博士后基金项目（课题编号：2019M652262）的资助

Cognitive Verification of
Chan Enlightenment

机锋运用的认知解析

周昌乐 ⊙ 著

中国广播影视出版社

图书在版编目（CIP）数据

机锋运用的认知解析／周昌乐著. — 北京：中国
广播影视出版社，2023.8
ISBN 978 - 7 - 5043 - 9069 - 1

Ⅰ. ①机⋯ Ⅱ. ①周⋯ Ⅲ. ①认知科学 – 研究 Ⅳ.
①B842.1

中国国家版本馆 CIP 数据核字（2023）第 136211 号

机锋运用的认知解析

周昌乐　著

责任编辑：杨　凡
封面设计：文人雅士文化传媒
责任校对：龚　晨

出版发行：中国广播影视出版社
电　　话：010 – 86093580　010 – 86093583
社　　址：北京市西城区真武庙二条 9 号
邮　　编：100045
网　　址：www. crtp. com. cn
邮　　箱：crtp8@ sina. com

经　　销：全国各地新华书店
印　　刷：廊坊市海涛印刷有限公司

开　　本：710 毫米 × 1000 毫米　　1/16
字　　数：205（千）字
印　　张：14.75
版　　次：2023 年 8 月第 1 版　2023 年 8 月第 1 次印刷

书　　号：ISBN 978 - 7 - 5043 - 9069 - 1
定　　价：65.00 元

题　记

索火之机实快哉，藏锋妙用少人猜。要会我师亲的旨，红炉火尽不添柴。

（宋）德遵禅师[1]

---

① 普济：《五灯会元》，苏渊雷点校，中华书局 1984 年版，第 721 页。

前　言

习近平总书记在党的二十大报告中指出："我们确立和坚持马克思主义在意识形态领域指导地位的根本制度，新时代党的创新理论深入人心，社会主义核心价值观广泛传播，中华优秀传统文化得到创造性转化、创新性发展，文化事业日益繁荣，网络生态持续向好，意识形态领域形势发生全局性、根本性转变。"[①]

根据"中华优秀传统文化得到创造性转化、创新性发展"这样的指示精神，我们这部学术专著的主要任务是，通过认知科学提供的技术工具（包括认知语用分析、认知博弈论述、认知逻辑描述以及认知心理实验），对阐发机锋所隐藏的认知机理加以创新性地发展。如此就可以为中华优秀传统文化创造性转化、创新性发展，做出了一些有益的探索。

需要说明的是，现代意义的"认知"一词，涉及众多领域，如认知语言学、认知逻辑学、认知博弈论、认知心理学等领域。在不同的领域，"认知"一词的含义并不一致。我们这里主要取广义"认知科学"中"认知"一词的宽泛含义。

机锋交际手段，涉及认知语用学的言语行为交际分析问题。针对这一问题，我们首先开展有关机锋交际的语用学分析。然后，我们对机锋交际过程展开博弈过程的形式刻画，并进行博弈交际的计算仿真研究。

机锋启悟机制，涉及认知逻辑学的刻画问题。我们主要开展有关机锋启悟的认知逻辑构造研究。我们不但给出相关启悟过程分析、悟前认知状态刻

[①] 《党的二十大文件汇编》，党建读物出版社 2022 年版，第 8 页。

画、明了认知状态刻画；而且在此基础上，我们进一步构建一种启悟认知公理系统，用于刻画机锋启悟机制的逻辑演绎过程。

针对启悟修炼效果，我们则开展启悟效验的认知心理实验。为此我们构建了一种乐易启悟方案，组织被试进行乐易启悟培训。然后在此基础上，我们进一步开展认知心理实验，并进行了比较全面的实验效果分析。

为了方便读者更容易阅读这部学术著作，我把本书章节内容之间的关联作了简单的梳理，如图 A 所示。图 A 中实线部分构成了这部学术著作的全部内容，虚线部分为涉及的两部参考书。图 A 左边所列的第一章，主要内容为引导性的知识，其中各个章节与后面第二章至第六章的关系用实线箭头关联。图 A 中间所列的五章，构成了这部学术著作五个方面的研究内容，章节内容构成依次递进的关系。图 A 右边所列虚线部分，分别指出第四章和第五章内容所依据先导性的参考书，由虚线箭头所示。

在图 A 中不难看到，在这部学术专著中，第一章主要起到引导性知识介绍的作用，为后面五章内容的论述作必要的铺垫准备。因此，第一章不但归纳机锋启悟的概要性介绍，特别是机锋启悟界说、原则和策略的基本内容；给出了机锋启悟所要达成的去意向性心理状态；而且还介绍了用于启悟效果实证的思想实验、仿真实验和真实实验等三种哲学实验方法。

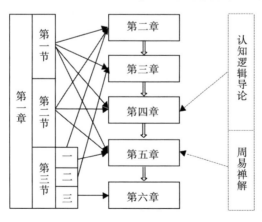

图 A　本书章节内容关联图

在第一章基础上，第二章至第四章分别针对认知语用交际、机锋博弈建模及其计算仿真、机锋启悟公理系统展开了我们研究成果的论述。根据前面章节给出的研究成果，我们在第五章中构建了一种乐易启悟方案，并在第六章中对该方案的启悟效应进行系统的认知心理实验。从第六章给出的研究结果看，依据乐易启悟实践确实有助于提高人们的心理品质。

这部学术专著研究的对象是超越常规思维的机锋运用，因此书中引用了大量机锋案例等原始公案文献内容。对于这些文献内容，第一次接触的读者往往会感到费解，读后如坠云雾不知所云或不得要领。因此在书后，我特意增加了一个附录，专门论述中国传统哲学思想中"有"与"无"关系问题。读者了解了这一重大问题的来龙去脉以及机锋启悟解决方法，或许就能够理解这些原始文献内容，特别是理解古人在机锋交际中所表现的奇特言行了。

我们希望通过这部学术专著的论述，为中华优秀传统文化创造性转化、创新性发展，进行了一些有益的探索。当然进一步说，这样的研究工作，也为机锋交际科学化、现代化和实用化的发展，提供一些有益的推动作用。特别需要指出的是，我们构建的乐易启悟方案，已经初步得到科学实验证实，确实是有利于提升民众的心理品质。因此乐易启悟方案，是可以作为民众调节自身心理健康的一种途径。

目　录

第一章　机锋解析

　　机锋认知解析的研究工作不但涉及比较深奥的禅法思想和内容，也涉及具体的科学研究手段。为了使读者能够有一个基本的切入点，也为了更好地进行后续章节的论述，我们首先需要给出一些先导性内容介绍。这些先导性的内容包括三个方面，分别是机锋启悟方法、机锋启悟所要达成的目标以及机锋解析所运用的哲学实验方法。我们机锋认知解析的研究工作就基于这三个方面的基础来展开研究。

第一节　机锋启悟方法

　　众所周知，禅宗是在中华本土上建立起来的一个佛教宗派。在禅宗发展过程中，先后建立有沩仰、临济、曹洞、云门、法眼五宗，临济下又分出黄龙、杨岐两派，即所谓的五宗七派。这些禅宗宗派的历代禅师们开创了诸多具体禅法，也形成风格迥异的宗风。但出于本书研究内容范围的限制，我们这里仅仅介绍禅宗最具有代表性的机锋禅悟方法。希望能够通过举一反三的方式，以一斑而窥全豹来了解禅法的一般原理。

一、机锋启悟概说

　　从参禅者获得洞见本性的角度看，禅悟方法有打坐体悟、逢缘契悟、棒喝开悟、读经明悟，以及公案参悟等诸多方面，甚至可以感悟于日常生活的行止语默之间①。但是如果从启发者施教过程的角度看，那么除了那些自行觉悟成道之外，大多数参禅者往往都在一问一答的机锋博弈过程中获得启发觉悟。这便是机锋启发觉悟的禅法途径，我们称其为机锋禅法或机锋禅悟方法。

特别是在禅宗最为兴盛的年代里，机锋禅法是最常见、最直接与最有效的方式之一。机锋禅法不但包含了早期的棒喝施教方式，而且后世禅僧们参究的公案，其实也都是以往机锋禅法运用的案例。可以说，机锋禅法是一种最能展现禅宗宗旨的施教方法。因此，我们的研究主要关注机锋禅法，并将其作为禅法的核心启悟途径。

什么是"机锋"呢？我们先来看看禅师们自己如何回答这一问题。"友人问：如何是机锋？（明朝无念禅师）师曰：机锋是甚么，速道速道！友人无语。师曰：你当面错过。"② 显然无念禅师这里不是直接给出机锋的定义，而是用机锋示例来回应对"什么是机锋"的提问。

在启发学人的实践中，无念禅师这种回应方式无可厚非。但是，从学术研究的角度来看，这样的回答恐怕会让人不得要领。事实上，正是因为禅师们机锋的运用如此灵活多样，以至于目前学术界对"机锋"依然难以给出统一的界定。

如果翻阅禅宗文献，就会发现"有此机锋""机锋迅捷""机锋不可触""是机锋事""互换机锋""觌露机锋"等都是使用频率较高的用语。从这些用语的含义中不难看出，机锋具有一定的语言使用功能。因此，可以直观地将机锋界定为某种含意深刻、不落痕迹及锋利迅捷的话语。所以，机锋一词，英文译为 Keen Words，而日文采用音译 Mondo，估计也有这层意思的考虑。

在古代至近现代的有一些文献中，"机锋"泛指一类具有犀利、敏锐、玄机的语言。比如，清代丹霞澹归禅师就有提及："发昔人未发之理，道昔人未道之言，其犀利处于禅家机锋。"③ 不过这里对机锋内涵的界定忽视了机锋的

---

① 有关禅宗形成发展以及禅法内容的详细论述，请参见周昌乐：《通智达仁：传授心法述要》，厦门大学出版社 2018 年版，第 140—187 页。

② 深有：《黄檗无念禅师复问》，台北新文丰出版公司 1987 年版，第 520 页。

③ 今释：《丹霞澹归禅师语录》，台北新文丰出版公司 1987 年版，第 312 页。

对话交际功能，即所谓"互换机锋"所体现出来的功能。比如，清初有和尚问大钱鹤峤岱禅师："如何是机锋？"峤岱禅师答："张弓架箭。"这位和尚接着说："这只是锋未是机。"峤岱禅师答说："不为鼹鼠而发。"① 可见，在这里大钱鹤峤岱禅师是将机锋看作一种因机缘而待发的动态机制，其中隐含着机锋具有交际策略应对的功能。

所以，如果要更加全面地来加以清晰界定，应当将禅宗机锋看作是一种对话交际模式。如果说将"机锋"视为一种带有犀利性、玄机性、超逻辑的话语，是突出机锋语言的语用功能；那么将"机锋"视为一种涉及施受双方的对话交际模式，则是突出机锋的言语交际功能。由于对话交际也包括了语用功能的运用，因此，相比而言，将"机锋"视为一种对话交际模式，更加能够体现对机锋认知语用交际的完整认识。

日本禅学者柳田圣山将机锋看作是禅师与学人之间进行的一种机缘对话，并认为在机锋中充分运用了预设与否定的话语方式。不仅如此，柳田圣山还将机锋看作一种禅悟启发途径②。他指出，禅师无法用日常直言劝导或命令方式促使学人开悟，所以，就采用这种特殊的机缘对话来启悟学人。美国佛学家约翰·马克瑞（John R. McRae）也认同这种观点，只不过马克瑞对机锋对话范围的界定有所不同。马克瑞认为③，机锋对话中不应该包含明晰答案，因为禅悟的达成需要的是"途径"而不是"答案"。

柳田圣山对机锋对话范围的界定显得宽泛，容纳了禅师与学人之间的各种问答模式。马克瑞的机锋对话范围的界定比较狭窄，反对将学人当下无须解惑的问答纳入机锋范畴。显然，马克瑞对机锋对话范围的界定更加合理；因为唯有学人当下急需解惑时，禅师再施以机锋话语才能够起到启悟的作用。

---

① 超永：《五灯全书》，载蓝吉富《禅宗全书》第25－27册，台北文殊出版社1988年版，第1538页。

② Yanagida Seizan, "The Developing Tradition: The 'Record Sayings' Texts of the Chinese Ch'an Buddhism" in *Early Ch'an in China and Tibet*. Asian Humanities Press, 1983, pp. 185－205.

③ John R. McRae, "The Antecedents of Encounter Dialogue in Chinese Chan Buddhism" in *The Koan: Texts and Contexts in Zen Buddhism*. Oxford University Press, 2000, pp. 46－74.

因此，从认知语用交际角度看，接引学人的机锋问答模式可以分为四种情况，即临济禅师总结提出的四宾主。临济禅师指出："参学之人，大须子细。如宾主相见，便有言论往来。或应物现形，或全体作用，或把机权喜怒，或现半身，或乘师子，或乘象王，如有真正学人便喝，先拈出一个胶盆子。善知识不辨是境，便上他境上作模作样，便被学人又喝，前人不肯放下，此是膏肓之病，不堪医治，唤作宾看主。或是善知识，不拈出物，祇随学人问处即夺，学人被夺，抵死不肯放，此是主看宾。或有学人应一个清净境，出善知识前，知识辨得是境，把得抛向坑里。学人言：大好善知识。知识即云：咄哉！不识好恶。学人便礼拜。此唤作主看主。或有学人，披枷带锁，出善知识前，知识更与安一重枷锁。学人欢喜，彼此不辨，唤作宾看宾。大德，山僧所举，皆是辨魔拣异，知其邪正。"①

临济禅师这里给出的就是宾主问答中接引学人时所出现的四种情况：宾看主是教滞学悟，主看宾是教悟学滞，主看主是教学双悟，宾看宾是教学双滞。简单地说，在师徒双方机锋问答中，如果师徒皆有鼻孔（即能喘气，喻指悟禅者），就叫做主看主（教学双悟）。如果学人有鼻孔、师家无鼻孔，叫作宾看主（教滞学悟）。如果师家有鼻孔、学人无鼻孔，叫做主看宾（教悟学滞）。如果师徒皆无鼻孔，则叫做宾看宾（教学双滞）。为了更加清楚这四种宾主问答情况，我们下面分别举例加以说明。

（1）宾看宾的例子（《五灯会元》）："夹山与定山同行，言话次，定山曰：'生死中无佛，即无生死。'夹山曰：'生死中有佛，即不迷生死。'互相不肯，同上山见师（大梅法常）。夹山便举问：'未审二人见处那个较亲？'师曰：'一亲一疏。'夹山复问：'那个亲？'师曰：'且去，明日来。'夹山明日再上问，师曰：'亲者不问，问者不亲。'"② 这其中夹山与定山"互相不肯"，属于宾看宾。

（2）宾看主的例子（《祖堂集》）："古灵和尚嗣百丈，在福州。师自少于福州大中寺出家。及至为僧，游参百丈。盘泊数年，密契玄旨。后归省侍本

---

① 普济：《五灯会元》，苏渊雷点校，中华书局1984年版，第645-646页。
② 普济：《五灯会元》，苏渊雷点校，中华书局1984年版，第146-147页。

师，思欲发悟以报其恩，别俟方便。偶因一日为师澡浴，去垢之次，抚师背曰：'好个佛殿，而佛不圣。'其师乍闻异语，回头看之，弟子曰：'佛虽不圣，且能放光。'师深疑而不能问。"① 这里，古灵师傅与古灵，属于宾看主。

（3）主看宾的例子（《五灯会元》）："僧问马祖：'离四句、绝百非，请师直指西来意。'祖曰：'我今日劳倦，不能为汝说得，问取智藏。'其僧乃来问师（智藏禅师）。师曰：'汝何不问和尚？'僧曰：'和尚令某甲来问上座。'师曰：'我今日头痛，不能为汝说得，问取海兄去。'僧又去问海（怀海禅师）。海曰：'我到这里却不会。'僧乃举似马祖。祖曰：'藏头白，海头黑。'"② 这位僧人所遇到的都是主，只可惜自己是客，故此情景为主看宾。

（4）主看主的例子（《景德传灯录》）："池州嵇山章禅师，曾在投子作柴头。投子吃茶次，谓师曰：'森罗万象总在遮一碗茶里。'师便覆却茶云：'森罗万象在什么处？'投子曰：'可惜一碗茶。'"③ 真正机锋畅快，主看主便是此种情形。

通过上述给出四种宾主问答的实际例子，我们不难感受到机锋交际语言那种犀利、敏锐、玄妙的各种精彩表现。可以说，机锋禅法或者具体地是机锋启悟途径，正是通过这样四种会话交际范式，来开展丰富多彩的参禅悟道交流活动。

二、机锋启悟原则

通过上述论述，我们已经知道，机锋禅法是一种重要的参禅悟道途径，也是禅师们游戏三昧的主要载体。不过，初读禅宗公案的学习者面对那些玄奥莫测的机锋问答，常常如坠迷雾，辨不清要旨。那么，机锋问答有没有什么规律可循呢？或者说，机锋禅法依据的基本准则又是什么呢？我们又如何能够领悟其中的玄妙之奥呢？

要回答这些问题，首先需要明白作为机锋启悟者，到底启悟的是什么？

---

① 静筠：《祖堂集》，张华点校，中州古籍出版社2001年版，第552–553页。
② 普济：《五灯会元》，苏渊雷点校，中华书局1984年版，第152页。
③ 道原：《景德传灯录译注》，顾宏义译注，上海书店出版社2010年版，第1486页。

也许有人会说，那还用问吗，当然是启悟那个所谓的禅境！但问题是，禅境乃不可言说甚至也不须言说，如何能够依靠语言及其他辅助手段表达出来呢？为了找到其中的答案，这就需要了解机锋禅法所依据的原则了。

那么机锋禅法依据的原则是什么呢？禅宗认为，"道"不可言说，所谓"言语道断，心行处灭"。但是，禅师为了启悟学人又不得不说，所以，还有"道由言而显，言以德而传"之说。因此，禅法关键还在于启悟者怎么去说。在禅宗机锋交际中，为了同时体现既要言说又不可言说的精神，机锋启悟者使用的手段就是双遣双非的三关四句之法。

三关四句之法就是要"破三关"和"离四句"。所谓的"破三关"指："初关"破世俗有而说无，是一非；"重关"破出世无而说有，是再非；"牢关"破有又破无，是双遣。所谓"离四句"的"四句"是"有""无""亦有亦无""非有非无"，而"离四句"就是要离弃这四句。因此，"离四句"与"破三关"一样，都是运用了双遣双非法。

举个最有影响的三关式启悟学人的案例。据《五灯会元》记载，唐代吉州青原惟信禅师上堂曰："老僧三十年前未参禅时，见山是山，见水是水。及至后来，亲见知识，有个入处，见山不是山，见水不是水。而今得个休歇处，依前见山只是山，见水只是水。大众，这三般见解，是同是别？有人缁素得出，许汝亲见老僧。"①"见山是山"是初关，"见山不是山"是重关，最后"见山只是山"是牢关，只有透过三关，便"许汝亲见老僧"，得个"休歇处"（开悟境界）。

当然，在实际运用中，三关式启悟途径往往表现为三句相互衔接的具体机锋话语。比如黄龙三句："生缘在什么处，我手何似佛手，我脚何似驴脚。"云门三句："函盖乾坤句，截断众流句，随波逐浪句。"巴陵三句："如何是提婆宗？如何是吹毛剑？祖意教意是同是别？"明安三句："平常无生句，妙玄无私句，体明无尽句。"以及岩头三句："咬去、咬住；欲去不去、欲住不住；

---

① 普济：《五灯会元》，苏渊雷点校，中华书局1984年版，第1135页。

或时一向不去、或时一向不住。"①

机锋三关式话语的启悟原则是："但是一句各有三句，个个透过三句外。"② 这一原则充分体现在临济禅师如下所倡导的"三玄三要"之旨中：

> 若第一句中荐得，堪与祖佛为师。若第二句中荐得，堪与人天为师。若第三句中荐得，自救不了。僧便问："如何是第一句？"师曰："三要印开朱点窄，未容拟议主宾分。"曰："如何是第二句？"师曰："妙解岂容无著问，沤和争负截流机。"曰："如何是第三句。"师曰："但看棚头弄傀儡，抽牵全藉里头人。"乃曰："大凡演唱宗乘。一句中须具三玄门，一玄门须具三要。有权有实，有照有用。汝等诸人作么生会？"③

临济禅师这里所说的是启悟学人的"三玄三要"原则，体现的就是"实义权变"照用相结合的原则。后来汾阳昭和尚继承了临济的宗旨，倡导有汾阳三句：

> 问："如何是学人着力处？"师云："嘉州打大象。"曰："如何是学人转身处？"师曰："陕府灌铁牛。"曰："如何是学人亲切处？"师曰："西河弄师子。"乃曰："若人会得此三句，已辨三玄。更有三要语在，切须荐取，不是等闲。"④

因此，机锋三关式启悟关键就是要遵循这种"三玄三要"的精神。于是，机锋三关式启悟并不在形式上的三个句子，而是在于机锋问答的双遣双非巧妙施为作用。就这一点而言，云门一字关可谓深得其要。在机锋问答中，唐代云门禅师凡有询问，皆以一字回答，启发学人体悟其中禅机。有记载如下：

> 僧问："如何是云门剑？"师曰："祖。"问："如何是玄中的？"师曰："倜"问："如何是吹毛剑？"师曰："骼。"又曰："剕。"问："如何是正法眼？"师曰："普。"问："三身中那身说法？"师曰："要。"问："如何是啐啄之机？"师曰："响。"问："如何是云门一路？"师曰：

① 智昭：《人天眼目》，载蓝吉富《禅宗全书》第32册，台北文殊出版社1988年版，第293、296、299、312、331页。
② 绩藏主：《古尊宿语录》，中华书局1994年版，第30页。
③ 普济：《五灯会元》，苏渊雷点校，中华书局1984年版，第645页。
④ 普济：《五灯会元》，苏渊雷点校，中华书局1984年版，第685-686页。

"亲。"问:"杀父杀母,向佛前忏悔。杀佛杀祖,向甚处忏悔?"师曰:"露。"问:"凿壁偷光时如何?"师曰:"恰。"问:"三身中那身说法?"师曰:"要。"问:"承古有言,了即业障本来空,未了应须还宿债。未审二祖是了是未了?"师曰:"确。"①

在上述引文中,凡有所问,云门只答一字,但照样体现出了三关功效,有机锋启悟之妙。确实,禅旨玄妙,不可测度。因此,古代禅师倡导机锋三关式启悟原则,有玄妙禅旨隐含其中。机锋启悟的目的正是为了透彻玄妙禅旨,不为言语系缚而使学人明心见性。

所以,宋代法云佛照杲禅师上堂曰:"西来祖意,教外别传,非大慧根,不能证入。其证入者,不被文字语言所转,声色是非所迷。亦无云门临济之殊,赵州德山之异。所以,唱道须明,有语中无语,无语中有语,若向这里荐得,可谓终日着衣,未尝挂一缕丝;终日吃饭,未尝咬一粒米。直是呵佛骂祖,有甚么过?"② 作为机锋参与者,要想有所觉悟,就不能被禅师们所回答的机锋三关话语所迷惑,唯有双遣双非,透过"有语中无语,无语中有语",方有开悟出头之日。

三、机锋启悟策略

当然,为了能够更好地启悟学人,在具体的机锋问答中,需要因材施教,根据不同情况,做出不同的应对策略。因此,临济禅师认为,启发学人应该采取四种接机对策,即所谓"夺人夺境"之法。据《五灯会元》记载,临济禅师指出:"有时夺人不夺境,有时夺境不夺人,有时人境两俱夺,有时人境俱不夺。"③ 对此"夺人夺境"之法,《人天眼目》则称其为"四料拣",并有如下具体运用的详细论述。

师初至河北住院,见普化克符二上座。乃谓曰:"我欲于此建立黄檗宗旨,汝可成褫我。"二人珍重下去。三日后,普化却上来问云:"和尚

---

① 普济:《五灯会元》,苏渊雷点校,中华书局1984年版,第930页。
② 普济:《五灯会元》,苏渊雷点校,中华书局1984年版,第1150页。
③ 普济:《五灯会元》,苏渊雷点校,中华书局1984年版,第645页。

三日前说甚么?"师便打。三日后，克符上来问："和尚昨日打普化作甚么?"师亦打。至晚小参云："我有时夺人不夺境，有时夺境不夺人，有时人境俱夺，有时人境俱不夺。"僧问："如何是夺人不夺境?"师云："煦日发生铺地锦，婴儿垂发白如丝。"僧问："如何是夺境不夺人?"师云："王令已行天下遍，将军塞外绝烟尘。"僧问："如何是人境俱夺?"师云："并汾绝信，独处一方。"僧问："如何是人境俱不夺?"师云："王登宝殿，野老讴歌。"……师示众云："如诸方学人来，山僧此间，作三种慧根断。如中下慧根来，我便夺其境，而不除其法。或中上慧根来，我便境法俱夺。如上上慧根来，我便境法人俱不夺。如有出格见解人来，山僧此间，便全体作用，不历慧根。大德到这里，学人着力处不通风，石火电光即蹉过了也。学人若眼目定动，即没交涉。"①

注意，在夺人夺境的四种机锋对策中，所谓夺境是破其外执；所谓夺人是破其内执（法执）。在回答"如何是夺人不夺境"时所言"煦日发生铺地锦，婴儿垂发白如丝。"上句存境（不夺境），下句夺人。下句"婴儿垂发白如丝"除去概念分别之心，是夺人，破其内执。对待中人以上者，可用此法。在回答"如何是夺境不夺人"时所言"王令已行天下遍，将军塞外绝烟尘。"上句是夺境，下句则是存人（不夺人）。比如，上句"王令已行天下遍"以示无分别之境，是夺境，破其外执。对待中人以下者，可用此法。在回答"如何是人境俱夺"时，所言"并汾绝信，独处一方。"（这里"并""汾"为唐代二个州名）就是人境俱夺，双遣双非，所谓内外无别，令其打成一片。这是针对慧根深者，可用此法。在回答"如何是人境俱不夺"时，所言"王登宝殿，野老讴歌。"就是对已开悟者，任运自然，人境俱不夺。

当然，四种对策的运用前提依赖于对学人境界到位与否的判断。一般而言，禅宗所说的学人境界高低，是根据学人的慧根深浅而定的，分为中下、中上、上上三类。中下者常常为外镜所惑；中上者虽然摆脱了外镜所惑，但却往往有法执之惑；唯有上上者，能够做到内外不惑而无所执着。因此，禅

---

① 智昭：《人天眼目》，载蓝吉富《禅宗全书》第32册，台北文殊出版社1988年版，第274页。

师们要根据学人慧根不同来采用不同的接引对策,首先必须要学会把握学人的境界水平。这显然也是对禅师水平的一种考验。

在四料拣的基础上,临济禅师又发展出更为普适的四种照用应对策略。因为四种照用与四宾主学说关联了起来,所以,可以更好地用以接引学人。《五灯会元》记载临济禅师的四种"照用"策略为:"我有时先照后用,有时先用后照,有时照用同时,有时照用不同时。先照后用有人在,先用后照有法在,照用同时,驱耕夫之牛,夺饥人之食,敲骨取髓,痛下针锥。照用不同时,有问有答,立宾立主,合水和泥,应机接物。若是过量人,向未举时,撩起便行,犹较些子。"① 这里论述的"照用"策略,也类似于"夺人夺境"策略,为接引学人的四种方法。比如据《人天眼目》记载:

> 时有僧出问佛法大意。师云:"汝试道看。"僧便喝,师亦喝。僧又喝,师便打(先照后用)。问:"如何是佛法大意?"师便喝。复云:"汝道好喝么。"僧便喝,师亦喝。僧又喝,师便打(先用后照)。僧入门,师便喝。僧亦喝,师便打,云:"好打只有先锋,且无殿后(照用同时)。"僧来参,师便喝,僧亦喝。师又喝,僧亦喝,师便打云:"好打为伊作主不到头无用处,主家须夺而用之。千人万人,到此出手不得。直须急着眼看始得(照用不同时)。"②

注意,在上面的论述中,喝打之间,有照有用。照,给个甜枣,是肯定;用,打个巴掌,是否定。凡一是则一非,一非则一是,或是非具是,或是非俱非。实际上就是机锋三关式启悟原则的具体运用。因此,临济的法嗣汾阳禅师便将"三玄三要"与照用策略关联起来了,有如下论述:

> 凡一句语,须具三玄门。每一玄门,须具三要路。有照有用,或先照后用,或先用后照,或照用同时,或照用不同时。先照后用,且共汝商量。先用后照,汝也是个人始得。照用同时,汝作么生当抵。照用不同时,汝作么生凑泊。琅琊觉云:"先照后用,露师子之爪牙。先用后

---

① 普济:《五灯会元》,苏渊雷点校,中华书局1984年版,第647页。
② 智昭:《人天眼目》,载蓝吉富《禅宗全书》第32册,台北文殊出版社1988年版,第281页。

照，纵象王之威猛。照用同时，如龙得水致雨腾云。照用不同时，提奖婴儿，抚怜赤子。"此古人建立法门，为合如是，不合如是。若合如是，纪信乘九龙之辇。不合如是，项羽失千里之骓。还有为琅琊出气底么，如无山僧自道去也。①

四种照用对后世影响很大，因此产生了种种不同的运用翻版。比如，有四种藏锋："初日就理；次日就事；至于理事俱藏，则曰入就；俱不涉理事，则曰出就。"② 这是从理事上入手，"理"对"照"而"事"对"用"。再如有四喝："师问僧，有时一喝如金刚王宝剑，有时一喝如踞地师子，有时一喝如探竿影草，有时一喝不作一喝用。汝作么生会？僧拟议，师便喝。"③

还有唐代兴化禅师的四碗、四唾、四瞎，本质上也是四种照用。四碗是："莫热碗鸣声（中下二机用），碗脱丘（无底语），碗脱曲（无绻绩语），碗（向上明他）。"四唾是："当面唾（鬼语），望空唾（精魂语），背面唾（魍魉语），直下唾（速灭语）。"四瞎是："不似瞎（记得语不做主），恰似瞎（不见前后语），瞎汉（定在前人分上），瞎（不见语之来处）。"④

在机锋启悟策略的具体实施中，不管是四料拣、四照用、四藏锋，以及四喝、四碗、四唾、四瞎，从本质上讲都是离四句的具体运用。比如，云门韶国师也有四料拣："闻闻（放）、闻不闻（收）、不闻闻（明）、不闻不闻（暗）。"⑤ 这便是离四句的另一种说法。

归根到底，只有把握双遣双非的三关四句之法，彻底达到破三关、离四句、绝百非，才能够理解禅宗文献中的众多机锋问答中玄妙所在。当然能够

---

① 智昭：《人天眼目》，载蓝吉富《禅宗全书》第 32 册，台北文殊出版社 1988 年版，第 282 页。

② 智昭：《人天眼目》，载蓝吉富《禅宗全书》第 32 册，台北文殊出版社 1988 年版，第 332 页。

③ 智昭：《人天眼目》，载蓝吉富《禅宗全书》第 32 册，台北文殊出版社 1988 年版，第 278 页。

④ 智昭：《人天眼目》，载蓝吉富《禅宗全书》第 32 册，台北文殊出版社 1988 年版，第 283 页。

⑤ 智昭：《人天眼目》，载蓝吉富《禅宗全书》第 32 册，台北文殊出版社 1988 年版，第 322－323 页。

达此境界，自己也可以参与到机锋问答之中，甚至利用机锋问答方法启悟学人。

第二节　机锋去意向性

在对机锋启悟有了上述基本了解之后，接下来这一节里，我们要在现代学术背景下进一步论述机锋启悟所要达成的目标这一重要问题。如果用禅宗的话语讲，禅法所要达成的目标就是禅悟状态，是一种"无住生心"的心理状态。这里所谓的"住"，就是外有"着相"或内有"执念"的意思。用现代心智哲学的话语讲，"无住生心"就是没有意向对象的心理状态，因此，禅法的目标就是要去除意向性。这样一来，在现代学术背景下来讨论禅悟状态，就关系到西方心智哲学的意向性问题了。

西方意向性理论认为，人类心智与万事万物发生关涉作用，并具有自主性与意识性，便是人类心智的意向性能力。西方提出的意向性问题特别引起当代心智哲学、语言哲学与认知科学的关注，并成了一个学术中心话题。可是提起意向性，往往都是关于西方学术传统的，很少有人会从东方思想体系来谈论意向性问题。那么是否源自西方哲学概念的意向性研究，真的与历史久远、博大精深的东方思想体系毫无关系呢？答案显然是否定的[1]。

尽管东方思想体系涉及了丰富的"意向性"内容，但却没有显式地提出意向性问题。因此，从东方思想体系来探索意向性难题，也只能在西方哲学的意向性界定基础上来进行。为此，我们将从禅宗有关唯识学说的表述中，来阐发西方学术界不曾涉及的去意向性问题。或许我们因此反倒能够突破目前意向性研究的困境[2]。

---

[1]　高新民：《意向性难题的中国式解析》，《哲学动态》2008 年第 4 期，第 80－84 页。

[2]　周昌乐：《禅宗心法的意向性分析》，《中国佛学》2011 年第 29 期，第 122－132 页。

一、唯识意向分析

什么是意向性呢？意向性（intentionality）源自拉丁语中的 intendo 一词，这个词的意思是"指向""针对"或者"朝向"。因此，意向性（intentionality）一词基本等同于关涉性（aboutness），也即是一物关涉其自身之外事物的一种指向性。

意大利认知语言学家巴拉指出："意向性有两层重要含义，我们要牢记并区分这两层含义。第一层含义是意向总是指称事物的，它总是关指某人、某物或某事。无论是行为还是心智状态，只要牵涉意向性，就必定存在一个行动者关注的焦点。行动者使他的行为或思想趋向于那个焦点。我把这层含义称作意向的指向（direction）。……第二层含义指的是，意向性总是刻意地（deliberateness）。也就是说，一个具有意向性的行为或心智状态可能包含一个人们期望、决定、选择和追求的核心。这个刻意性的核心不总是存在，因为做出决定后，并不是所有的意向都会形成或实现。"① 当然，刻意性的极致，就是所谓的执着之心。去除了意向性（下文简称去意向性），就不可能生成刻意行为，否则主体就会察觉这一意向行为。去意向性就是去除执着之心。

最早提出意向性概念的布伦塔诺指出："意向的内存在是心智现象的独有特征，而没有任何物理现象显示过这样的特征。"② 他认为，意向性是心理存在的标志。心理属性有其对应存在的"对象"，被称为是意向对象。因此，起先意向性作为区分心智现象和物理现象的标志而提出。

但随着心智哲学的深入发展，人们发现了两大反例。一是心理现象以外的事物也表现出了意向性，至少是派生出的意向性；二是有些心理现象并没有意向性，如无名的、莫明其妙的烦恼。塞尔认为，并非全部意识现象都具有意向性，而只有部分意识现象具有意向性。比如，一些情绪往往都是无意

① 巴拉：《认知语用学：交际的心智过程》，范振强、邱辉译，浙江大学出版社 2013 年版，第 60 页。

② Franz Clemens Brentano, *Psychology from an Empirical Standpoint* , London: Routledge and Kegan Paul, 1973, p. 89.

向性的，像提心吊胆、游移不定、兴高采烈、得意扬扬等，并不关于什么东西①。这样一来，也就意味着不是所有有意识的心理活动都具有意向性。正如巴拉指出的："我认为无意识、非刻意的意向是存在的。它只有在生成有意识的行为时才会附带存在出现。有意识意向能直接生成行为计划，无意识意向则是随机的，它充分利用各种机会改变所依附的行动，来实现一个意识觉察不到的目标，而不用专门采取行动来实现该目标。"②

值得注意的是，西方的意向性理论都没有涉及导致意向性心理活动的根源这个根本问题。倒是佛教的唯识理论，给出了解释一切意向性心理活动的根源，认为阿赖耶识是一切意向性活动的根源③。

原因是西方意向性理论的研究，主要从心智哲学与语言哲学角度提出并发展起来，因此缺乏对心理能力比较全面的意向性分析。就是说，西方意向性理论没有建立心理能力的意向性程度分析谱系。我们则是要通过禅法的去意向性分析，来建立一种意向性视角的五蕴心理能力谱系。有了这一谱系，我们就可以更加清楚地认识到，意向性能力在心智活动所处的地位，从而揭示出禅法去意向性的本质。

无论是从唯识宗还是禅宗的观点看，"心（心灵或心智）"都不是实体，而是一种能力或作用。从现代认知神经科学的角度，也同样可以将心智看作是多种心理能力的总和。因此，要探讨心智哲学的意向性问题，我们必须对构成心智的全部心理能力进行意向性分析。

分析心理能力可以从历时性发展的角度，也可以从共时性作用的角度来进行。鉴于我们的研究目的，我们不必考虑心理能力的历时性发展问题（学习能力、神经系统的可塑性等问题），而仅需对共时性作用呈现的心理能力进行分析。根据当代心理学的研究成果，除了心理活动所涉及的神经系统外，主要的心理能力包括感知（对外部事物的感知能力，即视、听、味、嗅、触，

---

① 塞尔：《心灵的再发现》，王巍译，中国人民大学出版社2005年版。

② 巴拉：《认知语用学：交际的心智过程》，范振强、邱辉译，浙江大学出版社2013年版，第63页。

③ 徐湘霖：《从唯识认识论看现象学的意向性构成理论》，《四川师范大学学报》（社会科学版），2006年第3期，第19-25页。

以及饥渴、排泄和平衡等感觉）、认知（记忆、思考、想象等）、感受（身体感受、情绪感受、内心感受等）、觉知（反思、内省、自我等）、行为（言行、愿望、情欲等）、反观（禅观、解悟、体悟）等。

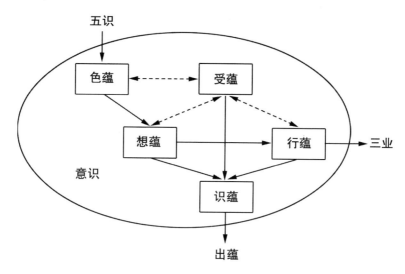

图 1.1　唯识论的心理描述体系

　　如果采用佛教唯识论的心理描述体系，可以将上述心理能力归纳为五蕴八识体系之中。五蕴是指色蕴、受蕴、想蕴、行蕴、识蕴五种心理范畴，是横向分析心识的一种学说；八识是指眼识、鼻识、耳识、舌识、身识、意识、末那识、阿赖耶识八种意识范畴，则是纵向看待心识的一种学说。这两种学说再通过心法学说，一种描述心理作用能力的学说，包括色法、心所法、不相应法、根本心法等的概念，就形成了完整的唯识体系。在这个唯识体系中，如图 1.1 所示（图中双向箭头虚线表示伴随关系，单向箭头实线表示因果关系），一切研究都围绕者有意识的心理活动展开。

　　第一，前五识归为色蕴。色蕴对应的心法称为色法，相当于当代心理学中的感知。感知是指通过五种特定感官途径而感知事物的心理能力，即视（眼）、听（耳）、味（舌）、嗅（鼻）、触（身）五种感知能力。五种感知能力对应到前五识（色、声、味、香、触）。色蕴的意识作用称为五俱意识（所谓"俱"，就是伴随）。如果色蕴是真实外境的感知，其伴随性意识称为同缘意识；如果色蕴是有错觉的感知，其伴随性意识称为不同缘意识；如果色蕴的这种感知活动产生后像效应，则其伴随性意识称为五后意识（属于不相应法，指与真实情况不相应的意识感知）。一般色蕴对应的心理活动都有意向对象，属于意向性心理活动。

第二，受蕴是一种心所法（对应具体的心理能力）。不同于色蕴，受蕴主要不是针对外部事物的感知或认知，而是针对内在心理活动的感受。因为像身体感受、情绪感受、内心感受等不具有明确的意向性对象，所以受蕴能力不具有意向性。注意这里要区分身体状态感受与色蕴中的身识是完全不同的心理能力。身识相当于触觉，是一种感知能力；但身体状态的感受不是感知能力，而是感受身体疼痛、暖冷等的体验能力。受蕴心理活动虽然具有意识但不具有意向对象，因此不属于意向性心理活动。

第三，想蕴是另一种心所法。如果用现代认知科学的话讲，想蕴就是狭义的思维能力，如思考、记忆、想象等。想蕴属于认知的高级阶段，显然是属于意向性心理活动。须知唯识论中的"相"就是指意向对象，而"想蕴"的"想"字正是"心"上着"相"的意思。应该说任何意向性系统都依赖于其意向对象，而思考、记忆或想象思维所关涉到的对象，就是想蕴的意向对象。因此，想蕴具有意向性明确无误。

第四，行蕴也是一种心所法。在五蕴心理体系中，行蕴是比较复杂的心理活动。在唯识论中，"行"是指一切"心理造作"，如情感发生（与情感感受不同）、意愿动机、言语行为等。在唯识论中"行"与"业"的概念相互关联，包括身业（行动）、语业（说话）和意业（思想）三种，都具有明显的意向性。正因为如此，行蕴也属于意向性心理活动。

第五，识蕴是整体统一的根本心法。在唯识论中，识蕴是一种比较独特的心理能力，现代西方的认知科学尚无对应的概念。识蕴主要强调的是反观能力，即对根本心识（即阿赖耶识）的解悟能力，也就是修成正果之途径的能力。如果我们把"意识"看作色蕴、受蕴、想蕴、行蕴的共性心理能力，代表的是元意向性能力（对意向性的觉知能力）；那么识蕴就相当于"末那识"所起的作用，就是要去除一切"着相"（意向对象），代表的就是一种去意向性能力。识蕴最终达到对自性的体悟，这种体悟的结果状态在唯识学中就称为阿赖耶识，也称为种子识。

综上所说，从唯识学的立场，我们的心理能力可以分为无意向性的受蕴，有意向性的色蕴（前五识）、想蕴、行蕴，元意向性的意识以及去意向性的识蕴。识蕴是一种特定的禅悟能力，对其性质的认识与禅宗心识学说有关。

二、有关心识学说

禅宗也称心宗，"心"的概念几乎构成了禅宗一切思想体系的支柱，自然也是禅宗心识学说的核心内容。因此，禅宗所指的心，便是万法归一的本心。禅修的目的，不是要明白禅悟的过程，而是要体悟万法归一的本心。宗密在《禅源诸诠集都序》中对此论述得比较全面。他指出："若直论本性，即非真非妄无背无合无定无乱，谁言禅乎？况此真性非唯是禅门之源，亦是万法之源，故名法性；亦是众生迷悟之源，故名如来藏识；亦是诸佛万德之源，故名佛性；亦是菩萨万行之源，故名心地。"① 这里"心地"就是"本心"。

因此，这样的本心必定超越了概念分别。正如佛经所言："常言觉知分别心性，既不在内，亦不在外，不在中间，俱无所在，一切无著，名之为心。"② 然而，因为本心是万法之源，所以，除了万法从此一心而生，便无他途了。于是讲论"心生种种法生，心灭种种法灭"，就成为禅宗心性学说的主流。比如《大乘起信论》指出："三界虚伪，唯心所作，离心则无六尘境界，乃至一切无分别。即分别自心，心不见心，无相可得，故一切法如境中相。"③ 禅宗四祖道信说："夫百千妙门，同归方寸；恒沙妙德，尽在心源。一切定门，一切慧门，恶自具足。……境缘无好丑，好丑起于心。心若不强名，妄情从何起？妄心既不起，真心任遍知。"④ 唐代怀让禅师也说："一切法皆从心生，心无所生，法无所住。若达心地，所作无碍。非遇上根，宜慎辞哉！"⑤ 如此等等，不胜枚举。

---

① 道元：《景德传灯录》，成都古籍书店 2000 年版，第 248 页。

② 河北禅学研究所：《禅宗七经》，宗教文化出版社 1997 年版，第 148 页。

③ 石峻：《中国佛教思想资料选编》，中华书局 1981 年版，第 439 页。

④ 静、筠：《祖堂集》，张华点校，中州古籍出版社 2001 年版，第 94 页。

⑤ 道元：《景德传灯录》，成都古籍书店 2000 年版，第 248 页。

值得注意的是，禅宗所讲的"心"，有不同层次的多种含义。宗密在《禅源诸诠集都序》中指出："泛言心者，略有四种，梵语各别，翻译亦殊。一、纥利陀耶，此云肉团心，此是身中五藏心也。二、缘虑心，此是八识，俱能缘虑自分境故。此八识各有心所善恶之殊。诸经之中，目诸心所，总名心也，谓善心恶心等。三、质多耶，此云集起心，唯第八识，积集种子生起现行故。四、乾栗陀耶，此云贞实心，亦云真实心，此是真心也。然第八识无别自体，但是真心，以不觉故，与诸妄想有和合不和合义。和合义者，能含染净，目为藏识；不和合者，体常不变，目为真如，都是如来藏。……前三是相，后一是性，依性其相，盖有因由；会相归性，非无所以，性相无碍，都是一心。迷之即触面向墙，悟之即万法临境，若空寻文句，或信胸襟，于此一心性相，如何了会？"①

因此，佛教的"心"大致是指：（1）肉团心，即物质的心，对应到物质脑；（2）缘虑心，具有思考作用的心，也就是视、听、嗅、味、触、意之六识；（3）集起心，积集种子生起现行的第七识，也称末那识；（4）如来心，即众生乃至宇宙万物中具有真实本性的真心（本心），也称阿赖耶识。

至于禅宗强调的本心，是指最后的如来心，又有四种别称。（1）菩提心：求无上菩提之心；（2）如来藏：如来赤子之心；（3）佛性：清净心性、万物体性、真实本性、空性、智慧、殊脱禅定、佛果境界——无上果位正等正觉之心；（4）阿赖耶识：种子心，万物的本原。如果从功能作用的角度看，这个种子心还可以有五种不同的区分。正如《楞伽师资论》所言："当知佛都是心，心外更无别佛也。略而言之，凡有五种：一者，知心体，体性清净，体与佛同。二者，知心用，用生法宝，起作恒寂，万惑皆如。三者，常觉不停，觉心在前，觉法无相。四者，常观身空寂，内外通用，入身于法界之中，未曾有碍。五者，守一不移，动静常住，能令学者，明见佛性，早入定门。"②

其实，不管如何指称，作为禅宗强调的本心，说到底就是终极实在的心，是梵我一如的心。因此，在禅宗文献中，讲"种子识"、讲"自性"、讲"佛

① 石峻：《中国佛教思想资料选编》，中华书局1981年版，第429页。
② 石峻：《中国佛教思想资料选编》，中华书局1981年版，第164页。

性",甚至讲"空性",都可以指此本心,概无分别。所以,大法眼禅师文益《三界唯心》颂曰:"三界唯心,万法唯识。唯识唯心,眼声耳色。色不到耳,声何触眼。眼色耳声,万法成办。"①

我们必须注意的是,对于万法从心而生,其本意不应该说一切事物皆从心而生,而应该说一切客观现象皆从心而生。对于客观世界,佛教只是强调要达到"视而不见"以便能"明心见性"。于此可见,外界事物(意向对象)的客观存在性,佛教还是默许承认的。正像我国学者高振农理解得那样:"以一切法皆从心起妄念而生。一切分别即分别自心,心不见心,无相可得。当知世间一切境界,皆依众生无明妄心而得住持。是故一切法,如镜中像,无体可得,唯心虚妄。以心生则种种法生,心灭则种种法灭故。"②

心之所起是意识,心之所见是感知。凡感知必伴随意识,所以,心识便是由万法的感知所引起;反之亦然,万法的感知又是由于心识作用的结果,所以心生种种法生。因为从逻辑上讲,心识的真实性必须先于感知实在的真实性。

对于禅悟的"万法了然于一心"的全面论述,可以用唐代黄檗希运禅师在《传心法要》中的语录来归纳。(1)"诸佛与一切众生,唯是一心,更无别法。此心无始已来,不会生,不会灭,……,超过一切限量名言足迹对待。当体便是,动念即差,犹如虚空,无有边际,不可测度。"③(2)"凡人皆逐境生心,心随欣厌。若欲无境,当忘其心。心忘则境空。境空则心灭。不忘心而除境,境不可除,只益纷扰耳。故万法唯心。"④(3)"故菩萨心如虚空,一切俱舍,过去心不可得,是过去舍。现在心不可得,是现在舍。未来心不可得,是未来舍。所谓三世俱舍。"⑤ 可见禅法作为一种修行途径,最后对于万法归心的论述必然归结到"一切俱舍"的意向去除之上。

---

① 道元:《景德传灯录》,成都古籍书店 2000 年版,第 631 页。
② 高振农:《大乘起信论校释》,中华书局 1994 年版,第 59 页。
③ 道元:《景德传灯录》,成都古籍书店 2000 年版,第 155 页。
④ 道元:《景德传灯录》,成都古籍书店 2000 年版,第 159 页。
⑤ 道元:《景德传灯录》,成都古籍书店 2000 年版,第 160 页。

三、意向去除途径

从意向性分析的角度看，识蕴的解悟历程可以表示为六个不同阶段的境界级别，如图1.2所示。这六个不同阶段的境界分别为色尘境界（简称尘界，心理处于无记状态）、欲界（心理处于无明状态）、有色界（心理处于有执状态）、无色界（心理处于执执状态）、明界（心理处于去执状态）以及达到彻悟的解脱界（见性出界）。无记是指意向程度不明朗的混沌状态。无明是指意向程度较低的情欲状态。有执是指意向程度较高的认知状态。执执是指元意向性的法执状态。去执是指去意向性的无执状态。最后的见性是指禅悟状态。

因此，明心见性就是通过禅法达成去意向性的心理状态。这种心理状态在《金刚经》中讲述得最为清楚。比如在《金刚经》中佛告诉须菩提："是故，须菩提，诸菩萨摩诃萨，应如是生清净心，不应住色生心，不应住声香味触法生心，应无所住，而生其心。"[①] "是故，须菩提，菩萨应离一切相发阿耨多罗三藐三菩提心，不应住色生心，不应住声香味触法生心，应生无所住心。若心有住，即为非住。"[②] 这里所谓"住"，就是"着相"，就是思维具有意向对象。因此，所谓"应无所住，而生其心"，就是要去除一切意向性，达到不执着任何意向对象的心理状态。

有时也把这种去除一切诸相的过程，看作是等同于诸幻灭尽的过程。因为佛教一向认为凡有着相皆是虚幻，所以，应当远离一切幻化虚妄境界。比如，在《圆觉经》中世尊说："善男子！一切菩萨及末世众生，应当远离一切幻化虚妄境界，由坚执持远离心故，心如幻者，亦复远离。远离为幻，亦复远离。离远离幻，亦复远离。得无所离，即除诸幻。……。善男子！知幻即离，不作方便。离幻即觉，亦无渐次。一切菩萨及末世众生，依此修行，如是乃能永离诸幻。"[③] 去除一切虚幻（诸幻灭尽），回归本心（觉心不动），也就是《金刚经》所说的"应无所住，而生其心"。

---

① 河北禅学研究所：《禅宗七经》，宗教文化出版社1997年版，第7页。
② 河北禅学研究所：《禅宗七经》，宗教文化出版社1997年版，第9页。
③ 河北禅学研究所：《禅宗七经》，宗教文化出版社1997年版，第21页。

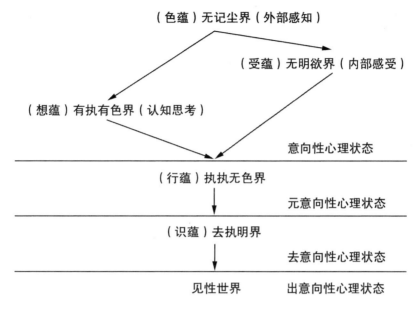

图 1.2　识蕴解悟能力的发展历程

正如我们前面五蕴心理能力分析的那样，只有去除一切有意向性的心理活动，才能够达成这种去意向性的心理状态。当然，真正要达成去意向性心理状态非常不容易。我们的思维活动往往很难摆脱思维对象的轮回，念念相续不断。思考着如何去除意向对象，却又进入了这"去除意向对象"的意向之中。

陷入这种所谓的"念念相续不断"困境，在《圆觉经》中论述的比较清楚："善男子，一切世界，始终生灭，前后有无，聚散起止，念念相续，循环往复。种种取舍，皆是轮回。未出轮回，而辩圆觉，彼圆觉性，即同流转。若免轮回，无有是处。"①

也就是说，只要有分别之心就难以摆脱意向之心。比如，对于"本句子是假的"这样一个命题，如要执着真假分别，便会陷于逻辑"轮回"之悖论而不能自拔。其实，在我们的思维活动中，念想轮回、概念轮回、文字轮回，均因意向之心在起作用。除了陷入无尽无止的逻辑悖论之中，别无可能。又

---

① 河北禅学研究所：《禅宗七经》，宗教文化出版社 1997 年版，第 25－26 页。

如《楞枷经》所云："如是相不异观，前后转进，相不除灭，是名愚夫所行禅。"① 只有斩断思维、去除意向性，达到无住生心，方能显现本心。即所谓《圆觉经》所言的："若诸菩萨唯灭诸幻，不取作用，独断烦恼，烦恼断尽，便证实相。此菩萨者，名单修禅那。"②

无任何意向性的心理状态不是靠意向性思维所能显现。因为思维（想蕴）本身就有意向性，除了在意向对象之间"流转相生"外，别无可能。这一点在《楞枷经》中讲得非常清楚。在《楞枷经》中佛告大慧说："诸识有二种生住灭，非思量所知。诸识有二种生，谓流注生及相生。有二种住，谓流注住及相住。有二种灭，谓流注灭及相灭。……大慧，彼诸外道作如是论，谓摄受境界灭识流注亦灭。若识流注灭者，无始流注应断。大慧，外道说流注生因，非眼识色明集会而生，更有异因。"③

去意向性能力，是一种不思而得的直心显现能力，绝非事物感知、概念辨识、逻辑思维所能企及。只有随其直心，方能觉悟。《维摩诘经》强调指出："菩萨随其直心，则能发行。随其发行，则得深心。随其深心，则意调伏。随意调伏，则如说行。随如说行，则能回向。随其回向，则有方便。随其方便，则成就众生。随成就众生，则佛土净。随佛土净，则说法净。随说法净，则智慧净。随智慧净，则其心净。"④ 简单地说就是要："一心禅寂，摄诸乱意；以决定慧，摄诸无智。"⑤

达成无意向性之心，就能体悟到如如之心。正如《坛经》所说："无上菩提，须得言下识自本心，见自本性。不生不灭，于一切时中，念念自见。万法无滞，一真一切真。万境自如如，如如之心，即是真实。若如是见，即是无上菩提之自性也。"⑥ 从意向性分析角度看，识蕴就是一种去意向性能力。人们正是通过这种超越概念分别的直觉体悟，达成无意向性的心理状态。

---

① 河北禅学研究所：《禅宗七经》，宗教文化出版社1997年版，第79页。
② 河北禅学研究所：《禅宗七经》，宗教文化出版社1997年版，第33页。
③ 河北禅学研究所：《禅宗七经》，宗教文化出版社1997年版，第54－55页。
④ 河北禅学研究所：《禅宗七经》，宗教文化出版社1997年版，第271－272页。
⑤ 河北禅学研究所：《禅宗七经》，宗教文化出版社1997年版，第273页。
⑥ 河北禅学研究所：《禅宗七经》，宗教文化出版社1997年版，第325页。

总之，意向性是当代西方哲学分析的一个重要哲学范畴，对意向性问题的讨论也是西方哲学的一个中心话题。当我们从禅宗心识学说来谈论意向性问题时，就会发现来自西方学术传统的意向性研究，忽略了其中非常重要的去意向性问题。然而作为一种对西方意向性理论不足的补救，我们发现，佛教唯识论所论述的识蕴去意向性能力，正是禅宗实践中特别强调的一种解悟能力。

如此我们便可以在禅宗心识学说的基础上，对达成禅悟状态的解悟能力进行深入分析。最终我们可以从意向性角度重新建立禅悟历程的不同境界级别。我们可以更加清楚地认识到：禅悟这种"应无所住而生其心"的解悟能力本质，就是一种去除意向对象的反观性心理能力。有了这样的认识，我们就可以为禅宗心法奠定心智哲学的基础。

第三节　机锋解析方法

了解了机锋禅法涉及的启悟途径、原则、策略，以及禅法修持所要达成的目标之后，我们再来谈谈可以用于开展禅法认知证验的实证方法。考虑到禅法涉及中国传统哲学思想范畴，要对禅法进行实证性阐释和论证，不可避免就会涉及哲学实验方法。因此，我们需要着重介绍应用于我们禅法实证研究中主要的哲学实验方法。除了认知逻辑方法外[①]，我们主要介绍保留思辨性质的思想实验、引入计算技术的仿真实验以及采用测量仪器的真实实验。

迄今为止，科学研究方法大致可以分为逻辑推演方法、实验归纳方法和计算仿真方法三大类。逻辑推演方法也是传统哲学研究方法，实验归纳方法则是传统科学研究方法，而计算仿真方法却是沟通前两者之间关系的新兴研究方法。应该说，随着科学与技术的高度发展，才使将科学研究方法引入哲学研究成为可能。

哲学实验方法是近年来兴起的一种哲学研究方法，它试图弄清哲学基本

---

① 周昌乐：《认知逻辑导论》，清华大学出版社 2001 年版。

问题研究中错综复杂的局面，迫使哲学家改造传统的哲学理论以及概念思辨的方式①。尽管哲学实验方法有其自身的局限性，但由于结合了科学实验手段来重新审视传统哲学问题，从而提供了开展哲学问题研究的新机遇②。自然这样的新机遇也为开展禅法认知验证提供了难得的契机，无论是思想实验、仿真实验还是真实实验，都可以运用于禅法有效性实证研究之中，并给出富有成效的研究成果。

一、思想实验方法

首先我们介绍哲学研究中的思想实验方法③。思想实验一词起先源自德语"gedanken experiment"，指的是一种由于现实限制无法实际完成的、用于检验一种假设或理论的思辨性实验方案。韦伯认为："理想（思想）实验就是在头脑中想象的实验，而不是真实实验室中进行的实验。对于那些由于不实际或者不合乎道德规范而不能'真正'实验的题目来说，这种理想实验再好不过。"④ 哲学思想实验的目的是要考察给定问题的潜在原理。

人类很早就有思想实验的例子，比如古希腊柏拉图的洞穴寓言、芝诺的龟兔赛跑悖论、中国先秦的庄子梦蝶等。但作为一种自觉运用的系统方法，思想实验主要源自近现代的物理科学研究，并对科学理论的构建作出了巨大的贡献。因为，"在试图理解物理学家们提出的有关实在的新物理图景时，我们会遇到另一个麻烦：绝对不会有实验证据。我们所能依靠的只是理想实验。"⑤

---

① 周昌乐、黄华新：《从思辨到实验：哲学研究方法的革新》，《浙江社会科学》2009 年第 4 期，第 2 - 10 页。

② 周昌乐：《哲学实验：一种影响当代哲学走向的新方法》，《中国社会科学》2012年第 10 期，第 30 - 46 页，205 页。

③ Theodore Schick and Lewis Vaughn, *Doing Philosophy：An Introduction Through Thought Experiments*, New York：McGraw - Hill Book Company, 2005.

④ 韦伯：《看不见的世界——碰撞的宇宙，膜，弦及其他》，胡俊伟译，湖南科学技术出版社 2007 年版，第 3 页。

⑤ 韦伯：《看不见的世界——碰撞的宇宙，膜，弦及其他》，胡俊伟译，湖南科学技术出版社 2007 年版，第 10 页。

在科学研究中的思想实验方面，17 世纪就有一些最杰出的实践者，如伽利略、笛卡尔、牛顿、莱布尼兹等。到了现代科学，就量子力学和相对论的创建而言，如果没有思想实验所起到的关键作用，几乎是不可想象的。甚至可以这么说，现代物理学更多是建立在思想实验之上而不是真实实验之上。科学中产生巨大影响和重要的思想实验有：牛顿的水桶（Newton's bucket），阐述空间就是一个事物所占据的部分；麦克斯韦的精灵（Maxwell's demon），阐述热力学第二定律；爱因斯坦的电梯（Einstein's elevator），阐述在重力场中光可以被弯曲；薛定谔的猫（Schrödinger's cat），阐述量子的不确定性，等等。

受到科学中思想实验方法的影响，现代哲学研究也广泛引入了思想实验方法，并得到了更好的应用与发展。现代哲学甚至扩大了思想实验的运用范围，特别是在道德哲学、语言哲学和心智哲学方面运用尤为普遍。比如，汤普森的小提琴手（Thompson's violinist），说明即使胎儿有生存的权利，堕胎在道德上也是允许的。再如，塞尔的中文之屋（Searle's Chinese room），说明机器不能具备人类的智能，即使表面上能够处理语言。还有像帕尔菲特像变形虫阿米巴一样分裂的人（Parfit's people who split like an amoeba），说明个体生存比其身份更重要。其他如缸中之脑、脑干机器、色彩颠倒、哲学蛇神、沼泽人、电车难题、空地奶牛、特修斯之船等等，也都是著名的哲学思想实验的范例。

美国哲学家丹尼特将思想实验称作为"直觉泵"。丹尼特指出："有些思想实验的小故事设计得令人感到心有灵犀、拍案叫绝，无论辩护的是哪个论题，人们看过都会觉得：'是的，当然，一定是这样！'我把这些思想实验称作'直觉泵'。"① 其实"直觉泵"所"泵"出的正是深刻思想的"洞见"。可以说当代哲学如果没有思想实验，必将显得更加贫乏。

哲学思想实验通常是通过假想场景来得出有关事物规律的一些洞见。在思想实验论证中，假想场景主要针对特定哲学领域的问题来设计。比如道德、心智或语言推理的有关疑难问题等，都是运用思想实验最佳适用的研究问题。

---

① 丹尼特：《直觉泵和其他思考工具》，冯文婧、傅金岳、徐韬译，浙江人民出版社2019 年版，第 5 页。

哲学思想实验的论证有效性是建立在这样的假设之上的：对假想场景的洞见性解答，是可以给出对真实场景性质和规律的洞见。哲学上，通常希望由思想实验得出的洞见是普遍有效的，尽管事实并非总是如此。需要强调指出，在思想实验中的假想场景不能毫无根据，而必须在某种意义上是可能的。因此对于思想实验假想的场景，通常要求其符合自然法则，或者具有这种可能性。

在哲学中思想实验的理论性贡献一般包括挑战、辩护或反驳众多哲学理论或断言。比如思想实验可以挑战或甚至反驳一个盛行的现有理论；也可以肯定一个盛行的现有理论或者建立一个新理论。当然思想实验还可以通过互斥过程，同时反驳一个盛行的现有理论并建立一个新理论。

从实际应用的观点看，思想实验应用的场景可以罗列如下 11 条。（1）挑战盛行理论的现状，包括纠正误解，辨明论争中错误。（2）维护客观建立的事实，以及反驳特定事物容许、禁止、知道、相信、可能或必然的明确断言。（3）外推或内推已有事实的边界。（4）预言和预测不确定的未来。（5）解释过去、回顾预言和预测不确定的过去。（6）促进做出决策、选择和策略。（7）解决问题，产生思想。（8）把当前的问题（常常是不可解的）归入更有希望和更丰富的问题空间。（9）明确因果关系、可预见性、责备和责任。（10）评估在社会和法律语境中应受责备的言行。（11）确保重复过去的成功，考察过去事件出现不同结果的可能程度，确保将来避免以往的失败。

根据采用的因果性推理方式不同，哲学思想实验可以分为三种情形。第一种是先于事实的思想实验：给定现在情况，推断未来的可能。比如询问"如果出现事件 E，将发生什么？"第二种是反事实思想实验：如果给出不同的过去，将会有什么可能的结果。比如询问"如果发生 A 而不是 B，将会出现什么？"第三种是半事实思想实验：尽管给出不同的过去，事物依然发生的可能程度。比如询问："即使发生 X 而不是 E，Y 仍将出现吗？"当然思想实验还可以预言、预测和推测事物发生的潜在活动，事后检验预测模型的模拟有效性，以及回溯成因来建立事物历经的过程等。

不过哲学思想实验也存在着一些不足之处，其中易错性是思想实验的主要问题①。这种易错性使哲学家们担心人类直觉判断的可靠性：我们能够相信在假想情景中的思想实验吗？特别是，所有的思想实验均采用一种思辨的而不是实证的方法，那么这样虚假的实验结论值得信任吗？这就给思想实验结论的可靠性蒙上了抹不去的阴影。不过由于物理的、技术的或经费的原因，模拟一个思想实验的真实实验常常是不可能的；因此尽管存在易错性的不足，思想实验在哲学研究中还是一种非常有用的研究方法②。

由于哲学思想实验主要是通过假想场景来帮助我们理解事物实际工作的方式，思想实验归根到底还是一种思辨的而不是证实的方法。这种能够仅仅通过思想就可以把握事物的性质，便体现了思想实验作为心灵训练途径的强大作用。显然，从这种心灵训练的角度看，思想实验自然也可以作为分析复杂禅宗公案的重要分析手段。

禅宗公案是历史上禅师们参禅悟道实践中留下的一些典型案例，常常被后来禅僧们用作进行机锋启悟的范本。如果稍作对比不难发现，大多数禅宗公案都具有思想实验的构成要素。比如，一些场景往往都是假设性的，无法实际完成的；必须采用思辨性方式来参究，当然是采用禅宗特有的双遣双非法；以及同样可以看作是一种心灵训练途径。历史上，确实有众多禅师是通过参究公案获得对禅理的深刻洞见。

从这样的角度看，当然也可以将禅宗公案看作是一种思想实验，其目的就是促使禅僧们能够更加有效地洞见本心。为了更好地说明禅宗公案作为思想实验的具体表现情形，可以通过具体思想实验与特定禅宗公案的对比来进行参禅悟道的启发。

从上述说明中不难看出，不但思想实验与禅宗所关注的本原问题是一致的；而且当把禅宗公案看作是某种思想实验，可以更加有助于启发公案参究者把握不可思议的禅境。不同的是，参究公案并非为了洞见道理，而是要通

---

① Tamar Szabó Gendler, "Thought Experiments Rethought and Reperceived" *Philosophy of Science* , Vol. 71, No. 5, pp. 1152－1164, December 2004.

② Peter Swirski, *Of Literature and Knowledge：Explorations in Narrative Thought Experiments , Evolution and Game Theory* , London and New York：Routledge, 2007.

过禅理的洞见抵达那不为系缚的禅悟境界。因此好的禅宗公案与好的思想实验一样，能够为已有观念带来转机或者起码创建某种变化，从而对人们的思维方式改变有所帮助。

思想实验可以教给我们关于这个世界的崭新认识，即使我们毫无新的实证数据。禅宗公案更是如此，能够彻底改变我们对世界的认识，从而彻底改变人生的态度。禅宗公案的奇妙之处还在于，参究禅宗公案带来的感悟，无须任何实证的检验。特别是我们似乎仅仅通过参究公案，靠自己思想顿悟式的反思超越，就可以达成自在之境。这便体现了禅宗公案参究的最大价值。

二、仿真实验方法

如果说思想实验的所谓"实验"仅仅只是象征意义上的实验，其本质依然还是思辨性的。那么随着计算方法与技术的迅速崛起，计算仿真建模的方法开始引入到了哲学研究之中，成为一种真实意义上的哲学实验方法①。

实际上，使用计算模型作为工具来进行哲学研究，已经有了大量的研究实例。比如逻辑悖论的动力学分析与形式系统的整体描述，给出社会和政治哲学中的计算模型，以及对宗教信仰的演化仿真等等。一般对于那些思辨的哲学研究，通过计算模型可以给出更加形象的整体性刻画，从而揭示原先无法认识到的深层内涵。比如，对于"囚徒困境"各种协作博弈演化策略的研究，就可以采用计算建模及仿真模拟的方法来进行。事实上，无论是对称信息、非对称信息，还是动态行为的囚徒博弈，我们均可以对其开展计算仿真实验研究②③。

在"囚徒困境"的博弈中，两位囚徒均有两种选择：或合作或背叛。每

---

① 周昌乐：《透视哲学研究中的计算建模方法》，《厦门大学学报》（哲学社会科学版）2005 年第 1 期，第 5 – 13 页。

② Patrick Grim, "Greater Generosity of the Spatialized Prisoner's Dilemma" *Journal of Theoretical Biology*, Vol. 173, No. 4, pp. 353 – 359, April 1995.

③ Gary Mar and Paul St. Denis, "Chaos in Cooperation: Continuous – valued Prisoner's Dilemma in Infinite – valued Logic" *International Journal of Bifurcation and Chaos*, Vol. 4, No. 4, pp. 943 – 958, August 1994.

位囚徒都必须在不知道对方选择的情况下，做出自己的对策选择。对于两人选择后的奖惩结果是：如果两人均选合作，则每人得 3 分；如果两人均选背叛，则每人得 1 分；如果一人合作、另一人背叛，则合作者得 0 分而背叛者得 5 分。现在的问题是，作为博弈参与者应该选择怎样的对策，才能获得最大收益呢？

很显然，从个人获益的角度考虑，背叛是最好的选择。但双方背叛又会导致不甚理想的结果，这就是所谓的"困境"。如果可以考虑历史经验，也就是说两人的博弈是一个不断重复的过程，最终看谁的累积得分最高，那么一味地背叛就不一定是理性的选择了。此时必须考虑更加复杂的策略选择。

为了更加周到地研究囚徒困境各种可选策略的优劣，我们可以采用元胞自动机来描述不同策略的整体演化情况。元胞自动机是一种计算模拟模型，可以动态模拟某一事物发生发展的演化过程。对于"囚徒困境"问题，我们首先规定每个元胞均可选择某种博弈策略来参与竞争；然后从初始状态出发，不断进行演化；最后看每个元胞策略演变的整体变化规律。演化结果的好坏反映的就是囚徒不同策略的生存适应性。

根据上述思路，我们可以给出具体的计算方法：在囚徒策略竞争的元胞自动机中，每个元胞查看邻居细胞的策略积分来选择自己的应对策略；如果有比自己积分高的邻居，那么就改用最高积分那个邻居的策略（如果最高积分的邻居不唯一，则随机选择其一）。具体实现的算法步骤如下：

（1）首先计算出 200 轮后每种策略之间竞争的积分表；

（2）在元胞自动机中，用不同的颜色来表示不同策略的元胞；

（3）计算各个元胞与周围 8 个邻居竞争的积分之总和（100 轮与 8 个邻居分别博弈积分的总和）；

（4）根据查看邻近元胞积分情况来确定下一次迭代采取的策略；

（5）在元胞自动机中元胞整体分布状态的演化反映了在随着时间推进时，哪一种策略会占优势，或各种策略分布的整体情况和发展趋势。

如果选择的策略形式表示为（i，c，d），其中 i 表示第一步采用合作的概率，c 是上一步对手合作的情况时下一步采取合作的概率，d 为上一步对手背叛的情况时下一步采取合作的概率。那么现在我们就可以分别选择完全背叛的策略 AllD =（0，0，0），一报还一报的策略 TFT =（1，1，0）及欺骗性背叛的策略 DD =（1，0，0）进行竞争演化。结果发现，宽容的"一报还一报"最后取胜（初始状态随机产生，然后开始按如上算法进行演化，如图1.3 所示）。也就是说，在信息完备情况下，这种囚徒困境不断重复过程的计算模拟策略程序显示："一报还一报（TFT）"策略积分最高。

当然，在信息不完备的情况下（可能会出现失误等因素），"一报还一报"策略未必最好。或许更慷慨的策略（i，c，d）=（1，1，0.1）效果更好，甚至策略（i，c，d）=（1，1，1/3）效果更好。由于在无数次回合后，初值 i 的影响基本不起作用，上述策略也可简记为（c，d）。这样就可以选择更多可能的策略来进行计算模拟。

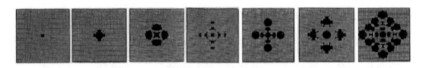

图 1.3　采用元胞自动机进行博弈仿真的过程图

由于采用的是计算模拟的方式，当然也可以进行侵入式策略演化。比如，初始整体状态为紧邻同一策略背景中植入一个不同的策略，来看侵入策略的生命力。更有意思的是，如果我们进一步将各种策略的收益计算实值化，就可以计算模拟更加复杂的演化过程。比如我们采用具有自指性质的各种规则，并引入"非常""相当"等程度词来描述真假程度。那么我们再采用迭代计算方法来描述竞争过程，就可以产生更为复杂的混沌现象了①。

从"囚徒困境策略"的计算模拟实例可以明显看出，计算模拟仿真方法在博弈建模的研究中发挥着巨大作用。特别是这种计算仿真实验所达到的精确性效果和产生的明晰结果，都是任何传统的研究方法所不能替代和比拟的。

更加普遍地讲，当将计算模拟延伸到各种各样的哲学领域问题时，这已构成了一种"哲学计算实验"的研究方法。于是开展哲学研究的时候，原则

---

①　周昌乐：《逻辑悖论的语义动力学分析及其意义》，《北京大学学报》（哲学社会科学版）2008 年第 1 期，第 70-79 页。

上都可以先用计算模拟来做一个或一系列的实验，然后再采纳成功实验建议的策略去指导解决哲学问题。只是从这个角度上讲，这些貌似"游戏"的计算模拟方法，也真正步入了正规哲学研究的殿堂。人与机一起，能使人们更好地面对复杂的哲学问题，显然这也与哲学研究的目标一致。

比如，类似于"囚徒困境"博弈计算仿真，我们也可以对禅宗机锋博弈开展计算仿真实验。我们可以去寻找一个方法来为机锋交际构造一个博弈模型，这样就可以很好地对机锋交际过程进行描述。同样我们可以计算模拟各种禅宗机锋博弈交际行为。甚至采用更加复杂的计算方法，还可以使机锋交际演化过程表现出混沌行为。显然这样的计算仿真研究，对于我们发现禅宗机锋各种奇异现象底下的规律，有很大的启发意义。

美国逻辑学家斯坦哈特对计算建模在哲学理论研究中所起作用给出了中肯的评价[1]。他认为，进行计算建模研究对哲学理论发展起码有五个方面的贡献：（1）理论清晰；（2）内在一致；（3）经验泛化；（4）大众可测；（5）大众可扩。可以预计，对于哲学这门古老的学科而言，计算模拟必将成为越来越重要的实验手段。

三、真实实验方法

无论是哲学还是科学，研究方法总是面向研究目标所采取的某种途径、策略或工具。由于哲学与科学研究目标和研究对象的不尽相同，传统哲学所采用的研究方法也与科学研究方法有很大不同。古典哲学主要是论辩性的，因此采取的研究方法是逻辑论证方法。比如源自希腊的逻辑学、源自中国的名辩学以及源自印度的因明学，都是古典哲学研究一直沿用的基本研究方法。

西方 17 世纪以后，由于引入了实验归纳方法，导致科学研究的独立发展。到了 19、20 世纪，受到科学技术高度发展的影响，哲学研究方法也发生了一些变化。于是在西方出现了不同视角的研究方法思潮，普遍强调实证与分析的取向。比如，强调实证取向的有辩证唯物主义中的调查研究方法（强

---

① Eric Steinhart, *The Logic of Metaphor*: *Analogous Parts of Possible Worlds*, Dordrecht: Kluwer Academic Publishers, 2001.

调验证)、实用主义方法（强调效用）、逻辑实证主义方法（强调实证），等等。再比如，强调分析取向的有分析哲学方法、结构主义方法、解释学方法等。但遗憾的是，尽管这些哲学思潮普遍主张实效验证、拒斥形而上学的思辨，但这些哲学本身的研究却无一例外均采用的是思辨式论述方法。除了逻辑论证、概念思辨和语言分析之外，科学研究中最为重要的实验归纳方法过去从未成为哲学家们的研究方法。

不过随着当代科学的迅猛发展，科学实验研究方法也开始深刻影响着当代哲学的研究走向。特别是脑科学的迅速发展，促使科学与哲学研究目标和对象的趋同化，从而导致研究方法也开始趋同化。一些有远见的哲学家也纷纷采用各种科学实验研究方法来开展哲学研究，并相继建立了一些哲学实验室。于是，真实实验方法开始成为哲学研究的新途径。

所谓"真实实验"是指传统意义上的科学实验，既通过实验归纳的方法，来取得对事物本质的了解和理解。现代科学正是由于采用了这种真实实验，才从哲学分离了出来而成为独立发展的学科。但今天，随着当代科学的迅猛发展，特别是生命科学、认知科学、信息科学等这些新兴科学的不断成熟，似乎又使得科学与哲学的区分变得不再清晰。

英国物理学家格里宾指出的："是科学变成了哲学，还是哲学变成了科学？无论你如何看待，可以肯定的是，这二者之间的界线已经变得模糊，变得远不如今天大多数科学家和哲学家自己所认为的那样实在。"[①] 于是，原先的那些哲学问题，似乎都可以用科学的成果来解答。甚至对哲学关注的一些重要问题，我们可以直接进行科学实验，从而解决哲学上的一些难题。

通常哲学上的重大问题往往都与对心灵作用的认识有关。现在由于脑科学的不断发展，特别是各种脑探测仪器与技术的不断发展，我们对于心灵的神经机制了解越来越清楚。这就使得我们可以对哲学关心的、与心灵相关的问题，开展真正实验性的研究。比如像有关自由意志、美感本质以及禅悟体验等的实验研究。

----

① 格里宾：《大爆炸探秘——量子物理与宇宙学》，卢炬甫译，上海科技教育出版社2000年版，第1页。

就以去意向性的静虑禅法修持状态为例，就可以运用脑科学中实验方法，来开展具体的实证研究。美国神经生理学家、禅法实践者奥斯汀教授很早就开展了禅与脑科学关系的探索研究工作①。

在普通民众中，有许多人怀疑禅悟状态是否真的存在。这就构成了一个哲学问题，即禅悟状态的可能性问题。这个问题需要求证的是：通过特定的禅悟修行方法（比如静虑修持），禅师们能够达到心性不动的超稳定状态吗？显然弄清这种超稳定心理状态达成的神经途径及其可能性，有助于深入认识静虑禅法修持的神经机制。这样的研究，对于正确引导静虑修持者来调节心身健康有着十分重要的意义。目前有关这方面的研究已经取得了比较多的成果，既包括静虑修持的神经电生理与脑成像研究结果，也包括有关静虑修持中神经递质、个性品质，以及有关心身影响方面的量化分析②。

比如，鉴于顿悟（inner light perception）是静虑修持实践者的普遍经验，而定力（blessing energy）又是达到顿悟的关键。台湾交通大学吕教授率领的课题组围绕着顿悟开展了研究，结果发现，脑电 α 节律波的阻塞关联到静虑修持中的顿悟状态。根据实验结果和被试的主观报告，在通向顿悟的过程中禅师敞开内在的能量③。禅师通过顿悟自性而产生内在洞见（inner light），则可以理解为一种神经回响④。

有关禅悟状态的脑科学实验研究还有许多，这里不再一一介绍了。迄今为止的脑科学研究主要在脑电实验和脑成像分析两个方面。通过脑电实验分析已知静虑禅法修持主要与 θ、α 和 γ 脑电节律波有关联。通过脑区血流变化

---

① James Austin, *Zen and the Brain*：*Toward an Understanding of Meditation and Consciousness*, Cambridge：The MIT Press，1999.

② 周昌乐：《从当代脑科学看禅定状态达成的可能性及其意义》，《杭州师范大学学报》（哲学社会科学版）2010 年第 3 期，第 17 - 23 页。

③ Pei - Chen Lo，Ming - Liang Huang and Kang - Ming Chang，"EEG Alpha Blocking Correlated with Perception of Inner Light during Zen Meditation. " *American Journal of Chinese Medicine* ，Vol. 31，No. 4，pp. 629 - 642，August 2003.

④ Kang - Ming Chang and Pei - Chen Lo，"F - VEP and Alpha - suppressed EEG - physiological Evidence of Inner - light Perception during Zen Meditation" *Biomedical Engineering - Applications*，*Basis and Communications*，Vol. 18，No. 1，pp. 1 - 7，February 2006.

的脑成像分析则给出禅悟状态的神经相关物。我们有理由期待，随着实验仪器与设备的不断发展，我们对于有关深奥的禅悟状态可能性问题，能够有更多清晰的科学解释。这就是哲学实验方法带来的益处。

综上所述，我们依次介绍了哲学研究中的思想实验、仿真实验和真实实验的方法。这些方法的思辨成分依次减少，而科学的实证成分依次增加。不难看出，当我们将这些实验方法引入到哲学研究之中，尽管哲学与科学的研究目标不同，但研究方法则已经趋向一致。从我们给出的具体应用研究例子可以看到，每一种哲学实验方法都涉及非常广泛的研究范围。因此，哲学上的实验方法是有着广泛的适用性，所起的越来越重要的作用是传统哲学研究方法所无法替代的。

古人云："欲善其事必先利其器"。我们相信，随着应用的不断深入，哲学实验方法也将会在哲学研究中发挥越来越重要的作用。特别是对于禅悟方法有效性的实证性研究，就需要引入哲学实验方法来遴选其中切实有效的修持功法，并证实其在特定条件下对心身产生积极影响的有效性。如此便可以弥补禅法缺少效验实证的缺憾，为弘扬发展优秀传统文化作出重要的贡献。

第二章　机锋语用

从第一章第一节的论述中，我们已经知道禅宗机锋是以互动交际行为为载体，由机锋参与双方协同完成心智沟通活动。因此，禅宗机锋交际作为一种特殊的交际活动，也就呈现出特有的认知和语用特征，所谓"禅机语用"。在本章中，我们将从认知语用学的研究角度来探讨禅宗机锋交际活动规律。本章内容分为三节。第一节"机锋交际现象"，我们分别对机锋交际中假装交际意图、解构符号指称以及话题异常转换等现象进行了分析。第二节"机锋语用原则"，我们通过结合案例分析，总结了机锋交际最为常见的语用规则。第三节"机锋沟通模式"，我们通过分析，给出了机锋交际过程主要认知沟通模式。

第一节　机锋交际现象

首先我们来分析考察禅宗机锋的交际现象。一般通常的言语交际行为会遵循一些通用的会话准则。意大利认知语言学家巴拉将这些准则归纳为：（1）合作；（2）共同注意；（3）交际意向性；（4）交际是一种象征符；（5）共享；（6）会话；（7）文化依赖性；（8）语言和语言外的功能系统①。"在正常的会话中，人们遵循会话准则。诚然，人们也会违反这些准则，由此

① 巴拉：《认知语用学：交际的心智过程》，范振强、邱辉译，浙江大学出版社2013年版，第42页。

导致有趣的会话情形。"① 禅宗机锋交际就是如此普遍性地有意违反通用会话准则,从而"导致有趣的会话情形"。从认知语用的角度来分析,这种"违反",主要通过假装交际意图、解构符号指称、话题异常转换来实现。

一、假装交际意图

在日常语言交际中,人们通常遵守合作性的会话准则,以明确传达会话意图;但有时也会有意违反会话准则,以传达一种深层的会话意图。一旦说话者违反会话准则,听话者就会超越话语的表层意思,寻求说话人违反会话准则的原因,以达成对说话人深层会话意图的理解。禅宗机锋交际行为中存在大量违反日常会话准则的典型案例,能启发般若智慧,是禅宗"游戏三昧"的体现。

巴拉认为:"整个使用言说的过程可以看作是一种游戏,这种构想由维特根斯坦首先提出,他最原始的表述是语言游戏。"② 巴拉还将这种语言游戏建立的基础加以区分:"对会话合作和行为合作的解释模型有两个:一个建立在行为游戏基础上;另一个建立在会话规则基础上,我们称为会话游戏。"③

根据巴拉对游戏区分的论述,禅宗机锋交际既有行为游戏的特点,又有会话游戏的形式,是这两种游戏的有机结合。在机锋交际的心智沟通过程中,行为游戏起主导作用,而会话游戏起辅助作用,两者共同完成禅悟启发过程。广义上讲禅宗机锋更重视行为游戏,禅师们棒打喝骂、伸腿竖拂、瞬目顾盼,通过行为游戏启发学人。

需要说明,禅宗机锋游戏得以有效进行,建立在禅僧集体所营造的禅宗文化背景之上。机锋双方的言语行为,都来自长期禅宗文化熏陶的结果;否则你竖个拂子,他瞬个目光,我来个女人拜,是没有意义的。

---

① 巴拉:《认知语用学:交际的心智过程》,范振强、邱辉译,浙江大学出版社2013年版,第37页。

② 巴拉:《认知语用学:交际的心智过程》,范振强、邱辉译,浙江大学出版社2013年版,第73页。

③ 巴拉:《认知语用学:交际的心智过程》,范振强、邱辉译,浙江大学出版社2013年版,第52页。

至于禅宗机锋风气的形成，当然也是特定禅僧群体长期个性化发展的结果。巴拉指出："集体游戏会把文化游戏个性化，而双人游戏可以做到既把文化游戏个性化，也把集体游戏个性化，以至于构建只有自己认识的游戏版本。"[①] 禅宗在形成和发展的过程中，形成不同的禅法宗风，也是禅宗文化游戏个性化的必然结果。不同禅法宗风的形成，往往与开创宗风的禅师大德本人的个性和气质有关。

当然，不管禅法宗风如何变化与不同，禅师们的行为游戏和会话游戏的目标指向不会变。他们都是为了帮助学人觉悟禅境，达成"三昧境界"的心智状态。因此，将禅宗机锋称为"游戏三昧"也就恰如其分了。

"游戏三昧"意味着在机锋交际过程中，交际双方并不看重会话内容。或者说，交际双方都不会看重会话内容在日常意义上的真实性。事实上，机锋所涉及的场景、情节、对象等信息，往往都是虚构的。从这个角度上讲，禅宗机锋游戏也可以看作是某种假装游戏（pretense play）。美国学者尼科尔斯和斯蒂奇指出："在假装游戏中，行为者虚构了一种想象的、虚拟的场景，同时附加生成虚构场景相关的一套基本假设。这些假设就是假装游戏得以进行的初始前提条件，也可称为可能世界工具箱。"[②]

假装游戏通过一种特殊的区分机制起作用，将假装情境和现实情境区分开。这样就能够在假装游戏中使用语言而不受现实制约，避免了真假两种情境之间的混淆，从而使假装游戏成为可能。

假装游戏的基本形式包括：（1）客体或角色代替；（2）客体或角色虚构；（3）属性归因虚构[③]。这些形式在机锋会话中普遍存在，我们举例说明如下。

（1）僧问："如何是大乘？"（令遵）师曰："井索。"曰："如何是小

---

① 巴拉：《认知语用学：交际的心智过程》，范振强、邱辉译，浙江大学出版社2013年版，第84页。

② Shaun Nichols and Stephen Stich，"A Cognitive Theory of Pretense"*Cognition*，Vol. 74，No. 2，pp. 115 – 147，February 2000.

③ Alan M. Leslie，"Pretending and Believing: Issues in the Theory of ToMM"*Cognition*，Vol. 50，No. 1 – 3，pp. 211 – 238，April 1994.

乘?"师曰:"钱贯。"① 这则机锋会话案例中就出现了客体替代,即以客体"井索"代替客体"大乘"、以"钱贯"代替"小乘"。

(2)有僧问:"如何是一丸疗万病底药?"(怀岳)师曰:"汝患甚么?"② 这里出现了虚构客体"疗万病底药"。

(3)芭蕉山圆禅师曰:"三千大千世界,夜来被老僧都合成一块,滚向须弥王顶上。释帝大怒,拈得扑成粉碎。诸上座还觉头痛也无?"众无对。良久曰:"不识痛痒好!珍重!"③ 在这里出现了"三千大千世界,夜来被老僧都合成一块"等虚构情节。

(4)有人问:"如何是被?"(继达)师曰:"横铺四世界,竖盖一乾坤。"④ 这则机锋会话案例中,出现了属性归因虚构。继达禅师将"被子"的功能延展到"横铺四世界,竖盖一乾坤"的范围,对"被子"赋予了现实世界中不具备的属性。

假装游戏与诸多认知能力有关,如条件规划、移情、视觉意象等,以及最为重要的反事实推理。在反事实推理中,发起者或接收者佯装相信虚假的前提条件为真,并在此基础上进行反事实的类比、归纳、演绎等推理操作。比如,重恽禅师曰:"幽州一支箭,虚空无背面。射去遍十方,要且无人见。"僧问:"如何是和尚一支箭?"师曰:"尽大地人无骷髅。"⑤ 在这个机锋案例中就存在反事实推理。

注意,重恽禅师关于"幽州一支箭"的存在性假设,显然违反事实。因为现实世界中,不存在具有"虚空"和"无背面"属性的一支箭。只有在虚构的可能世界中,才存在具有"虚空"和"无背面"属性的一支箭。禅僧以"幽州一支箭"投射到"和尚一支箭",涉及由此及彼的类比思维。禅师接下来的所答"尽大地无骷髅"则涉及反事实推论。这一推论基于反事实的可能世界,为"和尚一支箭"增添了虚构的属性,即"和尚一支箭"能够"杀尽

---

① 普济:《五灯会元》,苏渊雷点校,中华书局1984年版,第296页。
② 普济:《五灯会元》,苏渊雷点校,中华书局1984年版,第826页。
③ 普济:《五灯会元》,苏渊雷点校,中华书局1984年版,第557页。
④ 普济:《五灯会元》,苏渊雷点校,中华书局1984年版,第495页。
⑤ 普济:《五灯会元》,苏渊雷点校,中华书局1984年版,第357页。

大地人却无骷髅"。

为了去除意向性，假装游戏的机锋交际者将会话中语义相关的指涉关系、真值、存在性都不再有真实的关联①。换言之，机锋交际中的假装游戏违背了格莱斯交际合作原则中的质量准则。格莱斯的质量准则要求交际发起者力求令自己所说的话真实可信，包括说话人不说自知虚假的话，不说证据不足的话②。格莱斯甚至认为，发起者在交际中若提供了虚假信息，则这些虚假信息不可用于推理，这些虚假信息对于交际也是无用的③。机锋交际将假装游戏引入互动行为中，这意味着机锋交际涉及的命题内容也不真实。将戏谑和虚构带入交际行为，也使机锋交际具备了思想实验的特点。

机锋交际中的假装与谎言相似。不同的是，机锋交际发布的"虚假信息"属于功能性谎言，能够起到某种特殊交际效果。作为一种复杂交际行为，机锋发起者需在假装行为与真实交际意图之间建立某种因果关系。进一步来说，机锋发起者认为，通过假装游戏，可以巧妙地实现机锋交际的深层真实意图。

比如有僧参，（渌清）师以目视之。僧曰："是个机关，于某甲分上用不着。"师弹指三下，僧绕禅床一匝，依位立。师曰："参堂去。"僧始出，师便喝，僧却以目视之，师曰："灼然用不着。"僧礼拜。④

在这则机锋案例中，渌清禅师就在真实交际意图（勘验对方，所谓勘验是一种对学人禅悟境界的评判）与假装执行的施事行为（允诺帮助对方）之间建立了一种因果关系。然后他通过假装承诺，引导对方做出自然的行为响应，进而完成精确的勘验。在禅机施用的语境下，机锋行为不但允许行为者生成谎言，允许行为者解构自身或对方的谎言，而且也允许谎言与谎言的解构在一次机锋交际活动中同时存在。

当然为了消解学人妄念（去除意向性），让学人从固化的日常思维程式中

① Alan M. Leslie, "Pretense and Representation: The Origins of 'Theory of Mind'" *Psychological Review*, Vol. 94, No. 4, pp. 412-26, October 1987.

② Paul Grice, "Logic and Conversation" *Syntax and Semantics: Speech Acts*, London: Academic Press, 1975, pp. 41-58.

③ Paul Grice, *Studies in the Way of Words*, Cambridge: Harvard University Press, 1989.

④ 普济：《五灯会元》，苏渊雷点校，中华书局 1984 年版，第 290 页。

解放出来，禅师实施机锋交际行为时，不会受制于常识、逻辑、认知规律和文化模型约束。为了去除学人法执，禅师还会采用高阶假装游戏，即假装相信会话者发布的假装信息。原则上这种高阶假装可以无限层层升级。这样做的目的只有一个，即通过打破学人的概念分别（包括对真假的概念分别）之心，来去除意向性。

二、解构符号指称

西方心智哲学家们认为，人类能够通过意向性来进行有效的思想沟通，东方禅悟的达成却要消解这种意向性。研究禅宗机锋交际活动的认知语用规律，不但要涉及其对一般言语交际准则的违背现象，更要注意到其对于语言运用准则和规范的突破。这一突破体现在其对于语言符号固有的、习惯性、约定性的指称结构进行解构，目的是为了去除意向性。

西方主流符号学的观点认为，所有的高级心理过程均以符号为中介，而符号则是用来掌握并指导这些高级心理过程的基本工具。这种观点断言，若无中介符号系统，两个人的思想就无法沟通，这是符号学的一条公理。然而这一断言对于禅宗机锋交际并不适用。机锋交际具有解构语汇乃至一切符号化表达的倾向。在消解语言符号指称约定性的基础上，进一步消除心理表征的意向性。

禅宗表面上强调"不立文字"，但实际上这并不意味着禅宗不使用言语。《古尊宿语录》卷首就强调指出："言语载道之器，虽佛祖不得废也。"[①] 可见禅宗不但没有杜绝言语符号，反而提倡积极地运用符号系统引导、启发学人。因此，在机锋交际语境中存在的对符号、语词和语义系统的解构，都是接引学人、启悟学人的方便手段。

在常规交际中，交际互动行为和交际行为的中介——符号表达由交际者的整套认知系统支撑。在机锋交际中，机锋参与者却对交际者的符号化表达系统进行拆解，对表达系统的固有运作模式实施干扰，从而完成对符号、语

---

① 赜藏主：《古尊宿语录》，中华书局1994年版，第1页。

词和语义系统的解构。这种解构是通过否定的方式达成，可分为如下六种情形。

第一，机锋行为者可否定语言符号与语义之间的约定对应关系。比如有人问："如何是道？"（从谂）师曰："墙外底。"曰："不问这个。"师曰："你问哪个？"曰："大道。"师曰："大道透长安。"① 在日常语言交际中，语词"道"与"道路"具有语义对应关系；但在禅宗话语体系内，语词"道"与"超越性的终极实在"具有语义对应关系。在禅宗的话语体系中，通常"道"与"道路"的语义对应关系不显著，甚至应予摒弃。因此，在机锋交际中"道"与"超越性的终极实在"的对应关系更为显著。在这则机锋案例中，从谂禅师却恰恰利用"道"的多义性，用不显著的对应关系否定更显著的对应关系。也即在禅僧发出终极实在之道的询问时，从谂禅师以"墙外道""长安道"中"道"与"道路"的日常语义对应关系作答，解构了"道"与"超越性的终极实在"之间的对应关系。

第二，机锋行为者可否定符号指涉的概念属性。比如有问："如何是清净法身？"（思明）师曰："屎里蛆儿，头出头没。"② 这里否定了"清净法身"在一般认知结构中的范畴属性。清净本应洁净无垢，而禅师却作答："屎里蛆儿"，否定"清净"通常指涉的范畴属性。

第三，机锋行为者可否定符号的指涉关系。有僧问："此地名甚么？"（慧觉）师曰："肥田。"曰："宜种甚么？"师便打③。在这则机锋会话中，符号"肥田"仅是一个地名而已，并不表征诸如此地利于耕作的"肥田"概念。这位禅僧问地名，禅师答以地名，别无他指。禅僧自作聪明，在符号"肥田"与适宜耕作的"肥田"概念之间加设了表征关系。禅僧此举可谓多此一举，慧觉禅师打的深意便在于打却这自作聪明的"多此一举"。

第四，机锋行为者可否定概念与对象物之间的表征关系。有记载说："（寒山）因众僧炙茄次，将茄串向一僧背上打一下。僧回首，山呈起茄串曰：

① 普济：《五灯会元》，苏渊雷点校，中华书局1984年版，第203页。
② 普济：《五灯会元》，苏渊雷点校，中华书局1984年版，第329页。
③ 普济：《五灯会元》，苏渊雷点校，中华书局1984年版，第312页。

是甚么？僧曰：这疯癫汉。山向旁僧曰：你道这僧费却我多少盐醋?"① 在这则机锋会话中，寒山用茄串打该僧背部，又追问"茄串"这个对象物是什么。寒山此举意在勘验僧人认知系统中概念"茄串"与对象物"茄串"的表征关系是否过度固化？可惜僧未解寒山之意，认为概念"茄串"与对象物"茄串"之间的对应关系无可置疑，称寒山是"疯癫汉"。禅师接着对该僧作了否定勘验，感叹对其引导是白费功夫"费却我多少盐醋"。

第五，机锋行为者可否定关涉对象的存在性。如果指称物是某种公认的客观存在，机锋交际行为者可质疑这种客观存在的真实性。比如："（怀海）百丈侍马祖行次，见一群野鸭飞过，祖曰：是甚么？丈曰：野鸭子。祖曰：甚处去也？丈曰：飞过去也。祖遂把丈鼻扭，负痛失声。"② 马祖问百丈对象物"野鸭"是什么，百丈答"野鸭"，又说野鸭"飞过去"。马祖扭百丈鼻子，粗暴地否定了对象物"野鸭"和野鸭的行为"飞过去"，以此启发百丈。

第六，机锋行为者否定交际过程中对方发出的所有符号化表达。普通交际参与者进入交际环境后，会遵循话轮转换（turn – taking）规则来向对方传递交流信息。机锋行为者则可违背该规则，在对方即将发出符号表达时立刻终止对方，或在对方发出符号化表达之后漠视、否定这些符号所指。无论采取何种方式，机锋行为者均否定了对方做出的符号化表达。比如，有人问："如何是自己？"（福溪和尚）师曰："你问甚么？"曰："岂无方便？"师曰："你适来问甚么？"曰："得恁么颠倒？"师曰："今日合吃山僧手里棒。"③ 在这则机锋会话中，无论学人如何询问，师傅均不予正面回答。禅师这样做的目的就是要否定学人发出的所有符号化表达，废除、取消问题，打消学人心中的一切意向对象。

当然，机锋与符号化表达的语义系统并非完全对立。机锋只是否定了语言与语义、符号与对象之间的表征和指涉关系，以及所言必有所指的意向性思维习惯。正如梁瑞清指出的："禅宗并非主张一种虚无主义的语言观，而是

---

① 普济：《五灯会元》，苏渊雷点校，中华书局1984年版，第121页。
② 普济：《五灯会元》，苏渊雷点校，中华书局1984年版，第131页。
③ 普济：《五灯会元》，苏渊雷点校，中华书局1984年版，第183页。

反对一种严格的意义指称论，与维特根斯坦类似，语言可以一定程度上来言说某种形而上的经验，但绝不等同甚至取代这种经验……语言的指引性不仅适用于命名或表征经验本身的词语或语句，也适用于指称经验对象的词语……但如果我们要对它们有所知，则必须去感知他们。换言之，对那个词语的意义至少一部分是基于感觉经验的，而根据语言的指引性特征，对象词语虽然指称对象，但不等于对象本身。"① 机锋交际中禅师们对语言表征指称系统的消解极为彻底，也为其禅机语用的目的服务。

三、话题异常转换

话题转换是指交际参与者在一段交际中，执行话题开启、话题保持、话题退出、话题变换、话题搁置、话题放弃、话题恢复、话题终止等话题表现相关的调控。在一般交流性会话中，交际参与者遵循话题转换规范：一名参与者开启某个（些）话题后，该参与者本人或其他参与者在后续交际中，依照关联原则和礼貌原则接续话题。如果参与者保持先前话题，则形成连贯性较高的话题结构；如果参与者变换先前话题并引发新话题，新话题与先前话题往往也是相关的；如果参与者引发与先前话题不相关的话题，出于交际的礼貌原则，参与者往往也会平缓地搁置或终止先前话题，或者让先前话题逐渐退出，然后再引发新的话题。

一般而言，以日常交流为目的的交际行为在话题转换方面是符合规则的、是平和与稳定的，话题转换的发展过程也符合文化共同体的普遍预期。不过，某些具有特别人格特征或携带特别交际意图的参与者，可能会故意地、粗暴地变换、搁置或放弃某个（些）话题。但这不会破坏交际参与者话题结构的内在合理性。或者说，交际参与者可依据参与者的人格特征和具体语境等信息，进行会话含义推导。无论如何，这些交际参与者通过话题传达的外显或内隐信息，皆可依据语境、常识、交际礼仪（如面子原则、礼貌原则等）、百科知识、文化模型等推导出来。

---

① 梁瑞清：《语言的指引性浅谈——以早期 Wittgenstein 和禅宗为例》，《外语学刊》2013 年第 3 期，第 66-72 页。

机锋交际可形成与一般交际行为相似的话轮转换结构：一名参与者引发首次互动，然后发生话轮转换。后续的交际，既可承接先前互动的主旨或话题，也可强行转换或强制终止先前的主旨或话题。如此不断进行话轮转换，直至整场交际活动结束。在一场机锋交际活动中，交际双方可实施多轮互动行为，也可仅实施一轮互动行为。与普通交际行为不同的是，机锋交际双方至少应出现一次禅机行为。所谓禅机，是指发人深省、富有意味、具有启悟功能的言语或行为。

意大利语言学家巴拉在《认知语用学：交际的心智过程》前言中指出："交际本质上是两人或多人之间的合作性活动，互动的意义由所有参与其中并关注彼此语言的行动者共同构建。在互动中，行动者的目标会有所不同，但要保证交际的成功，所有的参与者都必须共享一组共同的心智状态。交际成功与否的责任落在所有参与者的肩上，需要他们保持行动的协调。"[1]

巴拉的论述同样适合于禅宗机锋交际，不过"成功与否"以及"共同的心智状态"需要重新界定。交际行为的基本流程是："行动者发出话语，合作者构建话语的意义表征，在理解会话时，合作者的心智状态也会随着话题内容的变化而改变。"[2] 如巴拉所言，我们可以考察话题内容和交际者心智状态的变化，来建立解释机锋交际行为的动态生成和理解机制。

除语言外，巴拉认为，"其他的交际渠道还包括书写、绘画、表达感情等。同时，还包括各种各样的行为，前提是这些行为的实施能向接受方清楚地表明，行动的实施者有实现明示性交际的意向。"[3] 巴拉所说的这些其他交际手段，在禅师们的机锋交际活动中有着最为全面的体现，比如棒喝、女人拜、划圆相、举拂子、竖拇指、瞬视和沉默等。

机锋交际与一般交际之间存在显著的反常性差异，凭语感即可判断一段

---

① 巴拉：《认知语用学：交际的心智过程》，范振强、邱辉译，浙江大学出版社2013年版，第 vii 页。

② 巴拉：《认知语用学：交际的心智过程》，范振强、邱辉译，浙江大学出版社2013年版，第 103 页。

③ 巴拉：《认知语用学：交际的心智过程》，范振强、邱辉译，浙江大学出版社2013年版，第 1 页。

交际行为是否为机锋交际。比如，机锋交际者可以使用留白、模糊、弱化的方法，降低机锋行为的语义信息量；还可采用无固定符号意义的非言语途径完成表达，加剧机锋语义信息的混乱度。在话题连贯性方面，机锋交际则存在诸多不相关话题转换、非预期话题终止、非预期话题恢复等话题表现。机锋交际者这样的言语行为，使得话题的开启、转换和终止皆呈现出非连贯性、突变性、不可预测性的特点。

机锋交际可以出现话题相关性很高的话轮转换，制造表面上连贯的话题推进。比如，（德遵）师问谷隐曰："古人索火，意旨如何？"曰："任他灭。"师问："灭后如何？"谷隐曰："初三十一。"师曰："怎么则好时节也。"曰："汝见个甚么道理？"师曰："今日一场困。"谷隐便打[①]。不难看到，在交际开启时，德遵发起了关于"古人索火之意旨"的话题。谷隐承接这一话题，却破坏常规的因果推理，给出虚拟的索火意旨"任他灭"。接着发生话轮转换，交际的话题从"古人索火"转换为"火灭后如何"。谷隐此处打破德遵的因果推理，并给出一个违反社会常识的虚拟阴历日期"初三十一"。德遵假装相信该虚拟日期是真实的存在，评价该日期正是"好时节"。在接下来的话轮中，话题则从"火灭后如何"转换为话题"汝见个甚么道理"？德遵答曰："今日一场困"，谷隐便打，又消解了德遵答语。总之，在这则机锋案例中，发生了数次围绕"火"的话题转换。在这其中，尽管各个话题互相关联，但却破坏了话题推进过程的逻辑联系。

机锋交际也可背离话题的相关性。比如，"（普愿）师在山上作务。僧问：南泉路向甚么处去？师拈起镰子曰：我这茆镰子，三十钱卖得。曰：不问茆镰子，南泉路向甚么处去？师曰：我使得正快。"[②] 在这则机锋会话中，禅僧所问："南泉路向甚么处去"，开启了关于"南泉路"的话题。南泉普愿却只关注"茆镰子"，直接放弃了关于"南泉路"的话题。接着禅僧重提先前话题，又追问："不问茆镰子，南泉路向甚么处去。"普愿则依然不予理睬，并继续自己发起的话题"茆镰子"，回应道："我使得正快。"

---

①　普济：《五灯会元》，苏渊雷点校，中华书局 1984 年版，第 721 页。
②　普济：《五灯会元》，苏渊雷点校，中华书局 1984 年版，第 140 页。

　　机锋交际还常常体现出与抗辩类交际行为相似的对峙、驳斥、批判、解构的命题态度。在机锋交际中，一方参与者对另一方参与者的话题往往持批判态度。不同交际参与者在共同构建的一段交际中，可能共享一个较为宏观的话题。但是，关于这个话题，不同交际者或同一交际者，在不同的交际时刻，却持有不一致的认知方式、强调方面、表达重点。机锋交际与抗辩交际不同的是，抗辩交际行为总是批判对方的观点，但却从不否定自己的观点。在机锋交际中，交际者的批判态度既可指向对方，也可指向自己；甚至还可同时指向对话双方；或时而指向对方，时而指向自己。换言之，机锋交际的批判对象往往随意不定。这其中的根本原因在于，抗辩中批判是为了"争胜"，而机锋中的批判无关争胜，只为启悟学人。

　　此外，机锋交际的批判往往违背逻辑推理而容纳悖论。这倒不是禅师们不懂逻辑，而是对于自性体悟的探寻已经超越逻辑思维的界限。正如巴拉所指明的："首先，人类不具备任何形式的心智逻辑，因此也就不能准确无误地推导出自己信念的所有逻辑结果。这已经得到了矛盾认知逻辑（conflict mental logic）和心智模型理论的证明。"[1]

　　鉴于这样的交际原则，机锋交际者既可生成很多在其他抗辩行为中不合法的技巧，又可貌似无端地、粗暴地破坏逻辑推理和话题发展预期。也即，在机锋交际中可以出现非预期话题变换、话题搁置、话题放弃、话题恢复和话题终止等突然转换等。

　　比如，有僧问："如何是彭州境？"（延照）师曰："人马合杂。"僧以手作拽弓势，师拈棒。僧拟议，师便打[2]。在这则机锋中，禅僧开启话题"彭州境"。对于禅僧开启的话题，延照禅师并未直接否定，而是给出了一个有悖于佛教戒律和人类生殖伦理的答案"人马合杂"。接着禅僧搁置了"彭州境"的话题，发出与上述话题无明显相关性的、意义不明朗的肢体动作"以手作拽弓势"，结果延照以手"拈棒"要打。最后当禅僧意欲延续话题时，延照便

---

　　① 巴拉：《认知语用学：交际的心智过程》，范振强、邱辉译，浙江大学出版社2013年版，第53－54页。

　　② 普济：《五灯会元》，苏渊雷点校，中华书局1984年版，第722页。

用"打"粗暴地终止了话题发展。我们可以观察到上述交际行为中，延照对禅僧开启的话题"彭州境"进行了解构和否定。显然这些解构和否定超越了常规论证逻辑。

值得特别注意的是，禅师们在机锋交际中惯用的有意交际性沉默（"良久"），往往被西方主流交际理论所忽视。倒是巴拉独具慧眼地指出："我在此无意贬低西方文化。在我看来，我们对沉默的不容忍让我们忽略了这种互动中最有力的模式：沉默中突然出现的语言会让语言更加震撼和富有表现力。交际行为如果能与周围环境鲜明区分开来，交际就会获得最大的效率。在会话中穿插沉默就是这样一种制造鲜明对照的方法。"① 应该说沉默是禅师们惯用的手段。禅师们一方面用沉默来凸显那个不可言说的终极禅境，另一方面则用沉默来传达交际的深层真实意图。

无论是连贯的还是非连贯的话题表现，机锋交际话题的发展往往违背通常的话题发展方向。这并不意味着机锋交际必然不存在符合逻辑规则的话题发展情况。事实上在机锋交际双遣双非原则的运用下，禅师们既可呈现无理据可循的话题表现，也可呈现理据性较高的话题发展线索。

总之，在机锋交际过程中，除了普遍遵循的标准交际行为外，还有大量有趣的交际行为。比如，非语义性互动（喝、沉默、动作）、假装应酬、欺骗、拒绝回答，以及更为关键的施展禅机，都是超出标准情景的交际手段。在机锋对话中禅师们常常答非所问，表面上看并不满足交际的"合作性"原则。但这种答非所问，在禅师看来却是最具"合作性"的："合作"的结果就是促使学人达成禅悟境界。

第二节　机锋语用原则

通过上述第一节的分析我们得出，为了促成学人从意向性到去意向性的转变，禅师们常常采用与常规交际不同的交际手段，使机锋交际呈现出新奇

---

① 巴拉：《认知语用学：交际的心智过程》，范振强、邱辉译，浙江大学出版社2013年版，第215页。

的交际图景。现在的问题是，这新奇交际图景背后的语用原则是什么？本节我们就从认知语用交际的角度来加以考察，并将其语言原则概括为信息高熵、心智干扰和引导开悟三个体现方面。

一、信息高熵原则

常规交际行为以信息传递和信息交换为特征，信息传递和信息交换的目的是为了消除不确定性。信息论认为，给定信号消除了多少不确定性，就传达了多少信息量。通信的目的就是要使信息接收者尽可能多地接收信息，消解已接收信息的不确定性。消解的不确定性程度越高，信息量就越大。

在信息论中通常用"信息熵"来描述信源的平均不确定性。不确定性低、信息确定度高的信源，对应的信息熵就低；反之，不确定性程度高、信息确定度低的信源，对应的信息熵就高。因此，可以说常规交际行为采用的是信息低熵原则，成功的常规交际行为呈现出信息量大、确定度高的特征。

与此相反，机锋交际采用的是信息高熵原则，因此，成功的机锋交际呈现出的特征是信息量低、不确定性程度高。在具体实践中禅师们采用如下方法来体现信息高熵原则：降低信息量、重复信息、加剧信息混乱度。

（1）降低信息量。主要通过信息留白、信息模糊、信息弱化，来降低机锋行为者发布的信息量。

信息留白是机锋行为者故意给出不完整表达，导致解释出现信息空白。比如，有人问："光境俱亡，复是何物？"（宝积）师曰："知。"曰："知个甚么？"师曰："建州九郎。"[①] 这里宝积禅师答"知"是无主语、无宾语的不完整信息，属于信息留白。禅僧追问："知个甚么"，宝积才补上了知的对象"建州九郎"。

信息模糊是指机锋行为者故意不清晰、不精确地表达和解释某些事态，导致本应确定的信息显得模棱两可。比如，僧问："此事久远，如何用心？"（智常）师曰："牛皮鞔露柱，露柱啾啾叫。凡耳听不闻，诸圣呵呵笑。"[②] 禅

---

① 普济：《五灯会元》，苏渊雷点校，中华书局1984年版，第149页。
② 普济：《五灯会元》，苏渊雷点校，中华书局1984年版，第144页。

僧问"如何用心"，智常以一些模棱两可的不明确信息作答："牛皮鞔露柱，露柱啾啾叫。凡耳听不闻，诸圣呵呵笑。"智常这样的回答，就属于信息模糊。

信息弱化是指行为者发布的信息弱于事态的真实状况。比如，僧问："如何是第二月？"（道潜）师曰："月。"[1] 这里出现信息弱化现象。禅僧问"如何是第二月？"道潜禅师仅以"月"作答。"月"的信息量弱于禅僧疑问表述中"第二月"的信息量。

信息的留白、模糊和弱化违背了莱文逊所提出的交际行为数量原则，即要求说话人在信息陈述上不可弱于接收者认识允许的程度[2]。

（2）重复信息。禅师们的重复信息常以回旋式问答、卡农式问答的方式呈现。具体的问答体式有 ABBA 式、AA′A″…式等。在这样的问答体式中，同样的信息 A 以相同（A）或相似（A′、A″）的形式不止一次出现，从信息的角度来看是一种冗余重复。

比如，闽帅问："寿山年多少？"（寿山师解）师曰："与虚空齐年。"曰："虚空年多少？"师曰："与寿山齐年。"[3] 这里问 A（"寿山"）的年岁，以与 B（"虚空"）齐年作答；进一步追问 B（"虚空"）的年岁，却没有引入新的信息 C 作答，而是回到 A，以"与寿山齐年"作答。这便是典型的 ABBA 式机锋案例。

再如，（普愿）师问僧曰："夜来好风？"曰："夜来好风。"师曰："吹折门前一枝松？"曰："吹折门前一枝松。"次问一僧曰："夜来好风？"曰："是甚么风？"师曰："吹折门前一枝松？"曰："是甚么松？"师曰："一得一失。"[4] 在这个案例中，普愿禅师先后与两位僧人进行互动。

在第一次互动单元中，普愿所问"夜来好风"充当导句，僧所答："夜来好风"充当答句；进而普愿所问："吹折门前一枝松"充当导句，僧所答：

---

① 普济：《五灯会元》，苏渊雷点校，中华书局 1984 年版，第 582 页。

② Stephen C. Levinson，"Pragmatic Reduction of the Binding Conditions Revisited" *Journal of Linguistics*，Vol. 27，No. 1，pp. 107－161，March 1991.

③ 普济：《五灯会元》，苏渊雷点校，中华书局 1984 年版，第 241 页。

④ 普济：《五灯会元》，苏渊雷点校，中华书局 1984 年版，第 137 页。

"吹折门前一枝松"充当答句;全部四句问答的形式是 AABB。与此类似,但稍有变化,第二次互动单元中,普愿与另一位僧人的四句问答形式是 A A′ BB′。值得注意的是,这两次互动单元不仅在各自内部形成卡农式结构,两次互动单元之间还形成了一个更大的卡农式结构。还有,两次互动后以"一得""一失"结束,这又是一个微型卡农。

(3)加剧信息混乱度。人类交际行为中的交际渠道,是指交际符号得以发出的途径手段,如文字、图形、言语、体势、表情等。在人类的交际行为中,出于对工具理性的追求,交际行为者通常选择一种合适的符号互动方式作为主要交际渠道,以最大信息传递效率使用该符号互动工具。通常面对面交际选择言语作为交际的主要渠道。此时交际者使用那些具有稳定系统含义的语音,以合适的语法结构连接成语音串,来表达清晰的命题内容。

从信息传递的角度看,非言语渠道本身无法单独表达完整的命题内容。因此,非言语渠道主要用于增加表达效果,在交际中往往起附属性作用。因此,在一般交际行为中,交际行为者往往选择自然语言为主要交际渠道,而将副语言和肢体语言作为次要的、辅助性的交际渠道。但机锋交际却往往相反,经常使用非语言手段作为主要的交际渠道。大量非言语手段的介入,加剧了机锋交际中信息的混乱度。

比如,(普愿)师与归宗、麻谷同去参礼南阳国师。师于路上画一圆相曰:"道得即去。"宗便于圆相中坐,谷作女人拜。师曰:"恁么则不去也。"宗曰:"是甚么心行。"师乃相唤便回,更不去礼国师。①

在上述机锋案例中,言语表达让位画圆相、在圆相中坐、作女人拜等非言语方式(副语言、体势语、表情、沉默或不具有任何符号意义的语音、肢体动作)作为主要的交际手段。这些非言语交际渠道虽难以表达完整、明确的信息内容,貌似扰乱了信息的正常交流、加剧了信息的混乱度,但在机锋的语境中却能引发惊人的启悟效果。

---

① 普济:《五灯会元》,苏渊雷点校,中华书局 1984 年版,第 140 页。

二、心智干扰原则

机锋交际行为的主要目的是进行心智训练，因此，除了体现信息高熵原则之外，为了有效进行心智训练，机锋交际还遵循心智干扰原则。所谓心智干扰就是对交际参与者当前心智结构施加干涉、干扰，使他们从"常"思维转到"禅"思维。

通常，人们日常交流和表达时遵循基本的逻辑律：同一律、矛盾律、排中律和充足理由律等。这种逻辑律的运用使得人们形成了固化同一思维（同一律式思维）、二元对立思维（矛盾律和排中律式的思维），以及更根本的理性思维方式。在机锋交际的语境中，禅师们对这些思维方式进行干涉和消解，对学人固化的、稳定的心智认知结构进行解构。为此，禅师们会适时制造禅机，"打"去学人的概念分别，从而引发"不二"思维，促使学人契悟禅境。禅师们的具体心智干扰包括对如下三种思维方式的干扰。

（1）对固化同一思维的干扰。人们通常认为，语词是 A，对 A 的意义阐释是 A′，因此，A 与 A′之间具有同一性式的约定对应关系，A 不可能解释成 B 或非 A。但是，在禅宗语境中，对这种固化同一性思维的执念，应予以去除。

为了去除这种固化同一思维的执念，禅师经常使用符号语义消解策略。语义消解是对符号赋予意义作用的一种彻底否定。禅师们主要通过"离相、离念、离言"来实现，强调通过符号语义消解来达成禅悟状态。

语义消解是针对概念和意义的解构，因为禅宗认为，诸种概念思辨均不可依倚。桂琛禅师有云："记持得底是名字，拣辨得底是声色。若不是声色名字，汝做么生记持拣辨？"[①] 禅师们的语义消解，既涉及符号外在显义，也涉及预设、象征、比喻、寓言等内在隐义。

比如，有僧问："如何是解脱？"（石头希迁）师曰："谁缚汝？"问："如何是净土？"师曰："谁垢汝？"问："如何是涅槃？"师曰："谁将生死赋予

---

① 道元：《景德传灯录》，成都古籍书店 2000 年版，第 415 页。

汝?"① 在这则机锋会话中，希迁禅师的反问就属于对预设语义的消解。禅僧问"解脱"预设了"被人束缚"，问"净土"预设了"垢"与"净"的差别，问"涅槃"则预设了"生"与"死"的差别；石头希迁禅师通过三次反问质询，否定、消解了这些语义预设的存在合理性。

又如，有人问："如何是密室?"（黑涧和尚）师曰："截耳卧街。"曰："如何是密室中人?"师乃换手锤胸②。问如何是密室，黑涧和尚从"密室"的反常面给出答案"截耳卧街"。这种出人意料的回答，是一种概念替换、逆向思维，消解了"密室"的固有语义。

再如，有人问："如何是出家人?"（院奉）师曰："铜头铁额，鸟觜鹿身。"③ 针对提问"如何是出家人"，院奉禅师提出发散性、不相关的铜头、铁额、鸟嘴、鹿身等概念，将这些概念组合到一块，消解了对"出家人"乃至"人"的固有意象对应关系。

（2）对二元对立思维的干扰。受矛盾律和排中律思维影响，人们倾向于认为，两个互相矛盾的命题 A 和非 A 不能同时为真，也不能同时为假，从而进一步形成非此即彼的二元对立思维。在禅宗语境中，这种二元对立思维是一种不能容纳矛盾的思维执念，是一种概念分别，应予以去除。

容纳矛盾，导致机锋中悖论形式的语句大量出现。"从逻辑角度看，禅师采用的各种接机方式或言语形式，大抵都是通过呈现'悖论'之疑来启悟学人，使参者体悟到自心的真性。"④ 以真命题 A 为前提进行逻辑推导后，得出一个与前提互为矛盾命题的结论非 A；反之，以非 A 为前提也可推得 A。此时命题 A 和非 A 同时为真，形成悖论。机锋交际中常常刻意制造这种悖论，即允许同一参与者对同一事态做出截然相反、互相矛盾的表述或判断。禅师们这样做的目的，就是希望机锋参与者去除对逻辑一致性的执念。

比如，有僧问："如何是随色摩尼珠?"（师郁悟真）师曰："青黄赤白。"

---

① 普济：《五灯会元》，苏渊雷点校，中华书局 1984 年版，第 256 页。
② 普济：《五灯会元》，苏渊雷点校，中华书局 1984 年版，第 179 页。
③ 普济：《五灯会元》，苏渊雷点校，中华书局 1984 年版，第 244 页。
④ 周昌乐：《禅悟的实证：禅宗思想的科学发凡》，东方出版社 2006 年版，第 26 - 27 页。

曰："如何不是随色摩尼珠？"师曰："青黄赤白。"① 这里悟真禅师使用悖论策略，以"随色摩尼珠"为前提，得出"青、黄、赤、白"的结论；以"非随色摩尼珠"为前提，也得出"青、黄、赤、白"的结论，于是形成了悖论。

在机锋案例中常常出现虚构的悖论式情景，交际互动过程涉及交际意图假装和对象物属性虚构。比如，（菜萸和尚）上堂，擎起一橛竹曰："还有人虚空里钉得橛么？"时有灵虚上座出众曰："虚空是橛。"师掷下竹，便下坐。②

在上述机锋案例中，菜萸和尚为勘验者，灵虚上座为被勘验者。菜萸禅师首先假装执行询问类施事行为"还有人虚空里钉得橛么"，这是交际意图假装。菜萸的真实交际意图是希望通过这样的询问，来探验考察灵虚上座对终极本源"虚空"的认识。

在佛教教义中，"虚空"蕴含终极实在的意味，具有包含万物、演化万物的根本属性。抽象的"虚空"与实体的"橛"并不存在真实关联的物理属性，故此处涉及对象物属性虚构。灵虚上座假装相信菜萸的虚构信息为真，回答"虚空是橛"。灵虚的回答其实是体现了他对"理""事"不二的正见：终极实在的"虚空"与具体事物的"橛"并无概念分别。

再如，"庵侧有一龟，僧问：一切众生皮裹骨，这个众生为甚骨裹皮？（法真）师拈草履覆龟背上，僧无语。"③ 这里禅僧发问：一切众生皆是"皮裹骨"，而这个众生（龟）为什么"骨裹皮"？对此，法真禅师将草履覆于龟背上，如此龟也是"皮裹骨"的众生了。通过这样的收敛思维，使本来看似相反、完全不具备同一性的"皮裹骨"和"骨裹皮"呈现出根本意义上的绝对同一性，消除了概念分别。

（3）对理性思维的干扰。理性思维在生活中广泛运用，但过度运用可能造成思维困境。比如，西方语言哲学中常举的例子"圆的方"。"圆的方"物理上不可能，逻辑上不可能，但它却是一种形而上学的可能。"圆的方"这一

---

① 普济：《五灯会元》，苏渊雷点校，中华书局1984年版，第423页。
② 普济：《五灯会元》，苏渊雷点校，中华书局1984年版，第212页。
③ 普济：《五灯会元》，苏渊雷点校，中华书局1984年版，第238页。

概念体现了我们对于理性思维的滥用，根本上则是由于语言的滥用，因为一切理性思维都借助语言来思考和表达。

有一种困境叫"霍布森选择困境"。这是英国剑桥商人霍布森发明的一种选择策略，指的是看似你有很多选择，但附加条件后，实际上你除了眼前的选择外，并没有其他选择。所以，霍布森选择是指对一个行为决策设置限制条件，导致决策落入无可选择的"选择"之中。我们的理性思维、我们的语言就是这样一种限制条件。我们只能通过语言来言说可能和不可能言说的一切，因为说某物"不可言说"，也是一种言说。

所以，禅宗"不立文字"，但又"不离文字"。正因为理性思维有局限性。反过来，机锋行为者也可以利用语言和理性思维的局限性，对学人的认知方式、认知结构施加某种霍布森似的刁钻限制条件，迫使机锋接收者陷入决策困局之中。霍布森选择困局可激发机锋接收者发现习以为常理性思维造成的封闭困境。如此就可以促使机锋接受者反思这些习以为常的思维，从而跳出思维的封闭困境，得到解脱。

比如，宣州刺史陆亘大夫问南泉："古人瓶中养一鹅，鹅渐长大，出瓶不得。如今不得毁瓶，不得损鹅，和尚作么生出得？"（南泉普愿）泉召大夫，陆应诺，泉曰："出也。"陆从此开解，即谢礼①。

在上述这则机锋案例中，假装游戏"鹅出瓶"问题就是一个典型的霍布森选择问题。机锋行为者若欲打破思维僵局，唯有打破造成思维僵局的限制条件。在"鹅渐长大，出瓶不得"的前提下，要"鹅出瓶"，却又给了一个"不得毁瓶，不得损鹅"的限制条件，就相当于让上帝创造一块他举不起来的石头，也相当于想象一个"圆的方"。因此，南泉通过"召唤大夫"，来为参与假装游戏的陆大夫解围。如此一来，陆大夫在南泉的巧妙启悟下，否定"鹅出瓶"的霍布森选择，冲破理性思维的限制，获得开解。

三、引导开悟原则

引导开悟是从机锋交际的目的实现来体现机锋交际原则。在机锋交际中，

---

① 普济：《五灯会元》，苏渊雷点校，中华书局1984年版，第217页。

心智训练的目的在于引导学人开悟。那么如何进行引导开悟呢？天衣义怀禅师概括得最有特色："夫为宗师，须是驱耕夫之牛，夺饥人之食；遇贱即贵，遇贵即贱。驱耕夫之牛，令他苗稼丰登；夺饥人之食，令他永绝饥渴。"①"驱耕夫之牛"可以理解为肯定式的方法，也就是"存"；"夺饥人之食"可以理解为否定式的方法，也就是"遣"。若同时利用肯定式和否定式的方法，就是"遣存双运"。

不管是肯定式的"存"法、否定式的"遣"法，还是肯否并用的"遣存双运"之法，目的都是一样，"令他苗稼丰登""令他永绝饥渴"，使学人自信自立。这样才能"左右逢其原"，让学人"一个个从自己胸襟间流将出来，与他盖天盖地去。"②

（1）肯定式的"存"法。可利用助产式提问、角色深化等非直陈策略，也可采用质朴直陈策略。运用非直陈策略时，机锋行为者并不直接陈说禅的真意。铃木对此指出："在背后刺激我们，让我们继续合理化的思考习惯，以便让我们自己去看清楚，用这种荒瘭的方式我们可以行走多远。禅清楚知道这种思考的界限何在。但是，一般而言，除非我们发现自己身处这个死巷，我们是不知道这个事实的。"③运用直陈策略时，则直截了当地揭示禅理。

运用助产式提问策略时，启发者不是直接告诉被启发者某个结论，而是通过助产式提问策略去引导被启发者主动思考、自己得出结论。比如（王敬初）问僧："一切众生还有佛性也无？"曰："有。"（王敬初）公指着壁上画狗子曰："这个还有也无？"僧无对。公自代曰："看咬着汝。"④

在上述机锋案例中，王敬初提问："一切众生还有佛性也无？"当对方回答"有"后，王敬初进一步指着壁上狗子画像，反问道："这个还有也无？"这一提问意在启发对方思考何为"一切众生"，是真实存在的生命体，还是壁上的狗子画像？遗憾的是此次启发并未令对方悟入，"僧无对"。于是王敬初

---

① 普济：《五灯会元》，苏渊雷点校，中华书局1984年版，第1016页。
② 静、筠：《祖堂集》，孙昌武等点校，中华书局2007年版，第339页。
③ 铃木俊隆：《禅者的初心》，梁永安译，海南出版社2012年版，第76页。
④ 普济：《五灯会元》，苏渊雷点校，中华书局1984年版，第542页。

又代曰"看咬着汝",没有给出直接答案,继续选择间接地引导对方。

运用角色深化策略的心理学原理是:当受启发者不理解所要指示的禅理时,让受启发者设身处地,作为自己的代言人,或许启发的效果会更好。因此,在机锋交际案例中,很多禅师会让禅僧向某人转述某话头、公案等,这便是使用了角色深化策略。

例如,(怀海)师对众曰:"我要一人,传语西堂,阿谁去得?"五峰曰:"某甲去。"师曰:"汝作么生传语?"峰曰:"待见西堂即道。"师曰:"见后道甚?"峰曰:"去来说似和尚。"① 在这个案例中,怀海禅师使用了角色深化策略,想让一人向西堂禅师传语。当五峰回应愿意去时,怀海便以此为契机,对其展开勘验和启悟行为。结果五峰说等见后才能答复怀海,否定了怀海的勘验和启悟行为。

助产式提问、角色深化属于非直陈策略,与此相对的则是质朴直陈策略。直陈是指浅近、平实、朴素地陈说禅者的思维、行为方式和生活方式。这种直陈禅理方式,可以消解有无、是非、真假、断常、一多、生死、凡圣等二元概念分别。

比如,有人问:"如何是平常心?"(景岑招贤)师曰:"要眠即眠,要坐即坐。"曰:"学人不会,意旨如何?"师曰:"热即取凉,寒即向火。"② 这里禅僧问:"如何是平常心",景岑禅师答"要眠即眠,要坐即坐",又答:"热即取暖,寒即向火",用质朴的直陈表达,剥离了各种交际策略的修饰。

在启发学人的机锋会话中,有时禅师们只需说"平常心是道""直心是道场"等直白话语,就可形成平实朴素的禅机。机锋交际本来就具有直指心源的作用,自然不排除运用直接、朴素的表达方法。质朴直陈策略体现了直截了当的启悟原则。

(2)否定式的"遣"法。在机锋交际过程中,学人思维经常被各种概念、名相困惑,强化各种不确定性,导致内心思维混乱、矛盾激化而无法自拔。此时,禅师可停止常用的交际行为,采用对学人不予理睬、取消问题的

---

① 普济:《五灯会元》,苏渊雷点校,中华书局1984年版,第123页。
② 普济:《五灯会元》,苏渊雷点校,中华书局1984年版,第210页。

否定式"遣"法，对其进行冷处理。通过否定、遣去的冷处理，来化解机锋接收者形成的内心矛盾冲突。

比如，麻谷问："大千悲手眼，那个是正眼？"（临济义玄）师住曰："大千悲手眼，作么生是正眼？速道速道。"谷拽师下禅床却坐。师问讯曰："不审。"谷拟议，师便喝，拽谷下禅床却坐，谷便出。[①] 在这个机锋案例中，临济禅师通过同义反问、问讯、喝、拽、坐等言行，对麻古的发问进行冷处理，将其无可奉告的终极之义搁置起来。

在上述机锋案例中的否定是一种冷处理的否定，淬火降温；有时禅师也会运用热处理的否定，火上浇油。热处理的否定，是指以否定的方式激励对方。在必要情况下，机锋行为者通过稀有事件，或出其不意地发出强烈刺激。这样通过否定机锋接收者当前的心智模式，激发其打破僵局、走出心智误区。我们以如下船子禅师的公案来加以说明。

（船子德诚）师又问："垂丝千尺，意在深潭。离钩三寸，子何不道？"（夹山）山拟开口，被师一桡打落水中。山才上船，师又曰："道！道！"山拟开口，师又打。山豁然大悟。乃点头三下。[②]

在上述机锋案例中，船子禅师描述了一个虚构垂钓场面："丝垂千尺，意在深潭"；然后让夹山在"离钩三寸"处，道出垂钓的真谛。夹山正要开口时，船子就将他打落水中；夹山上船，船子又让他速道；夹山刚想开口，船子又打。船子禅师两次在夹山要开口说话时，用打的行为否定了其开口的意图。在如此出乎意料的强烈刺激下，夹山竟豁然开悟了。所谓情急之下往往会有灵机闪现，讲的就是这种情形。

（3）肯否并用的"遣存双运"之法。"遣"是指遣去，即反驳或拒绝机锋行为所表征的观点、态度或其他心智结构；"存"是指存留，即支持或接纳机锋行为所表征的观点、态度或其他心智结构。因此，遣存双运策略可以对前述所有策略进行遣去和存留，确保机锋交际态度保持中道而不落二边。

比如僧问："和尚为甚么说即心即佛？"（马祖道一）师曰："为止小儿

---

① 普济：《五灯会元》，苏渊雷点校，中华书局1984年版，第648页。
② 普济：《五灯会元》，苏渊雷点校，中华书局1984年版，第276页。

啼。"曰:"啼止时如何?"师曰:"非心非佛。"① 在这一机锋案例中,马祖所答"非心非佛",属于否定思维模式,是"遣";前面所云"即心即佛",则属于肯定性思维模式,是"存"。所以,这则机锋案例体现的正是"遣存双运"之法的运用。

"遣""存"两种思维模式的转换,在连续对话中紧密相随出现,其所体现的正是双遣双非原则的运用。《大乘起信论》所云:"当知真如自性,非有相,非无相,非非有相,非非无相,非有无俱相、非一相,非异相,非非一相,非非异相,非一异俱相。"② 讲的便是"破三关、离四句、绝百非"的禅法思维。

禅师运用遣存双运策略来启发学人,契合中道思想。恪守中道就是没有任何思维执着。换言之,遵循中道的禅师就是要在诸种交际策略之间,保持"不勤不忘"的态度。惟宽禅师有云:"真修者不得勤,不得忘。勤即近执着,忘即落无明。此为心要云尔。"③ 这种不勤不忘的境界,只有通过遣存双运策略,才能充分体现出来。

综上所述,机锋交际遵循三类交际原则,分别是信息高熵原则(降低信息量、重复信息、加剧信息混乱度)、心智干扰原则(对固化同一思维、二元对立思维以及理性思维方式实施干涉、干扰)和引导开悟原则(采用肯定式的"存"法、否定式的"遣"法,或肯否并用的"遣存双运"之法)。贯彻信息高熵原则,能够提高信息的不确定性,铺垫禅机。运用心智干扰原则,能够通过干扰当前心智模式来制造启悟契机。利用引导开悟原则,则能够通过开启当前心智模式促使学人达成禅悟状态。

第三节　机锋沟通模式

我们已知,机锋交际是一种以交际行为为载体的心智沟通活动。机锋交

---

① 高振农:《大乘起信论校释》,中华书局1994年版,第129页。
② 普济:《五灯会元》,苏渊雷点校,中华书局1984年版,第22页。
③ 普济:《五灯会元》,苏渊雷点校,中华书局1984年版,第166页。

际的这种心智沟通并非为了让参与者明白什么道理，而是要使参与者达成不为系缚的心智状态。巴拉指出："认知语用学主要研究交际中人们的心智状态。通过研究心智状态来分析交际互动。首先要研究个体的动机、信念、目标、愿望和意向，然后考察这些心智状态是如何表达的。"[1] 巴拉还特别强调指出："从认知角度研究交际就意味着，要把心智行为当作是参与其执行的所有因素的结果，然后从参与者个体的心智状态入手，分而治之。"[2] 对机锋交际开展研究，同样必须考察机锋参与者的心智状态，探究机锋过程中的心智沟通模式。

根据我们的分析归纳，机锋心智沟通过程主要涉及五个基本环节：心智启发、心智彰宣、心智竞逐、心智勘验、心智审定。心智启发，是针对机锋交际参与者心智状态的启发；心智彰宣与竞逐，所彰宣竞逐的是己方或双方的观点和疑问；心智勘验和审定，则是针对交际参与者心智状态的勘验和审定。对于这五种机锋过程的心智模式，我们下面将归纳为三类来分别加以详细论述。

一、心智启发模式

通过机锋交际博弈，机锋交际参与者能够激发自己心灵状态的转变，甚至达到禅悟心智状态。因此，机锋交际的要旨就是开展禅机互动，鼓励并引导参与者在日常生活和修行活动中展开思维交锋来活跃心智。机锋导致的心智活跃可以驱动直觉、激发灵感、引发禅悟的跳跃性思维活动。

通常机锋交际多在日用琐事、游嬉调笑的场景中展开心智沟通。这种心智沟通可以引导参与者变更、重组原来固有的、稳定的思维方式，涌现出奇异的、跳跃性的思维状态。特别是在适当时机下，那些或收敛、或激越、或癫狂的外部刺激（如诗偈经文、茶饭饮食、放棒行喝、大笑乱舞等）形成的

---

[1] 巴拉：《认知语用学：交际的心智过程》，范振强、邱辉译，浙江大学出版社2013年版，第1页。

[2] 巴拉：《认知语用学：交际的心智过程》，范振强、邱辉译，浙江大学出版社2013年版，第45页。

禅机,可以激发参与者达到禅悟心智状态。

巴拉指出:"我们要构建的理论认为,有'两个参与者'不是构成交际的充分条件。一个完整的交际还包含其他一系列条件。第一个假设是,交际互动的整体意义需要参与者们达成一致意见。换言之,交际各方对共同参与的事件构建了心智表征。"① 在一般交际行为中,交际参与者对交际内容进行意向性表征,但禅宗机锋交际强调的是从意向性表征向无意向性状态的转变。这是一种顿悟式的转变,毫无征兆地消除了一切交际内容,从而达成无任何意向对象执着的禅悟状态。

机锋交际为了促成机锋参与者从意向性表征向无意向性状态的顿悟式转变,就需要对其实施启发行为。启发行为可启发学人发现其心智状态的局限性、拓宽学人心智思维广度、提升学人心智思维灵活性、转变学人固定的心智结构,创造出一幅全新认知图式,以促进学人达到禅悟状态。

在启发行为中,启发行为者可以运用任意机锋交际原则和行为策略。启发行为者通过改变交际语境,将启发接收者置于正向意外事件的影响下。通过启发行为可以大大提高达成禅悟状态的成功概率。

为了提高启发行为的成功概率,启发行为者在机锋交际中几乎从不直接宣讲启发意图,而是让自己的行为看起来像其他施事行为,而非启发行为。这意味着启发者在执行启发行为时,往往伴随着假装意图。启发者可通过假装发出断言类施事行为进行启发。

比如,因开井被沙塞却泉眼,(文益)师曰:"泉眼不通被沙碍,道眼不通被甚么碍?"僧无对。师代曰:"被眼碍。"② 在此机锋案例中,文益禅师是启发者,僧是启发接收者。文益禅师问"泉眼不通被沙碍,道眼不通被甚么碍?"此是假装为询问的勘验行为,结果该僧无对。文益禅师认定该僧未悟,并以断言类陈述"被眼碍"启发对方。在这一机锋案例中,文益禅师并未宣讲自己的启发意图,而是通过发出询问与假装回答的方式进行启发。

---

① 巴拉:《认知语用学:交际的心智过程》,范振强、邱辉译,浙江大学出版社2013年版,第2页。

② 普济:《五灯会元》,苏渊雷点校,中华书局1984年版,第565页。

　　启发者也可假装发出指令类施事行为来进行启发。比如，一日天寒，上堂，众才集，（德谦）师曰："风头稍硬，不是汝安身立命处，且归暖室商量。"便归方丈。大众随至立定，师又曰："才到暖室，便见瞌睡。"以拄杖一时趁下。[①]

　　在上面机锋案例中，德谦禅师是启发者，大众是启发接收者。禅师以"风头稍硬……"为理由，发出指令"且回暖室商量。"待回暖室后禅师却又说："才到暖室，便见瞌睡。"然后"以拄杖一时趁下"。这其中禅师"且回暖室"的指令，以及"才到暖室，便见瞌睡"的断言，都是伪装的启发行为，"趁杖"的行为也与本章第二节中"引导开悟原则"吻合，是旨在引导学人开悟的禅机。

　　如图2.1所示，启发类机锋交际由启发者、启发接收者，启发行为三要素构成。一般而言，启发活动中充任启发行为者角色的是已悟者，充任启发接收者角色的是未悟者。启发行为发起之前，启发者需要对启发接收者的心智状态具有相当的了解。可以认定，在启发行为开始前，启发者已对启发接收者的心智状况进行了勘验。因此，启发行为可以在彰宣、勘验、竞逐、审定等其他交际行为之后发起。当然，启发行为发生后，启发接收者也可以发起彰宣、勘验、竞逐、审定的机锋行为。

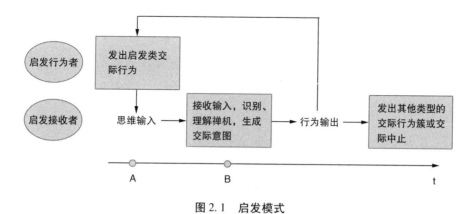

图2.1　启发模式

　　启发行为往往偏重运用机锋交际引导开悟策略。启发行为可出现虚拟场

---

①　普济：《五灯会元》，苏渊雷点校，中华书局1984年版，第440页。

景、对象、情节的假装游戏，并对符号语义进行解构。启发行为表达方式多样化，可综合运用言语和非言语的交际方式。在大多数情况下，启发行为发布的信息量并不充足。相反，由于隐藏了启发意图，启发者发出的信息量往往不完整，这也符合"不说破"的禅风。

二、彰宣竞逐模式

如果机锋行为者发出某次互动行为时，交际意图是彰明、宣示自己的观点或困惑，并且意欲对方了解上述意图，则该交际行为属于彰宣行为。依据彰宣内容，彰宣行为可分为疑惑彰宣和非疑惑彰宣。疑惑彰宣行为很少出现假装意图，表现方式多为直陈疑惑。非疑惑彰宣行为则可以运用任意机锋交际原则和策略。

当交际者彰宣自己的疑惑时，其发出的彰宣行为就是请教类提问。比如，有问："如何是祖师西来意？"道钦禅师曰："汝问不当。"接着问："如何得当？"师曰："待吾灭后，即向汝说。"①这里禅僧所问的"如何是祖师西来意"即为疑惑彰宣。

当交际者彰宣的内容是非审定性的观点、感受和体验时，此类彰宣为非疑惑彰宣。比如，僧问："万里无云未是本来天，如何是本来天？"（宗智）师曰："今日好晒麦。"②这里禅师所答的"今日好晒麦"为表达自己观点的非疑惑彰宣。

如图 2.2 所示，彰宣机锋交际由彰宣者，彰宣接收者和彰宣行为三要素组成。彰宣者用明确意图的表达方法发出彰宣行为。彰宣者和彰宣接收者并无身份、地位、境界高低分别的要求。无论禅师或学人、已悟者和未悟者，皆可充任彰宣者和彰宣接收者。彰宣者发出彰宣行为时，无须考虑语境，无须考虑此前是否发生过彰宣，也无须考虑此次彰宣与先前话题是否相关。彰宣行为结束后，彰宣接收者可以采用彰宣行为回应对方，也可发出其他类别的机锋交际行为。

---

① 普济：《五灯会元》，苏渊雷点校，中华书局 1984 年版，第 199 页。
② 普济：《五灯会元》，苏渊雷点校，中华书局 1984 年版，第 271 页。

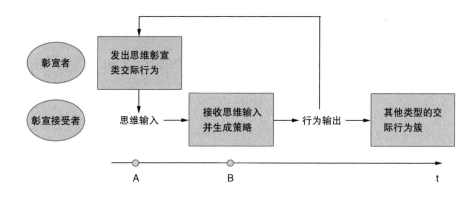

图 2.2　彰宣模式

比如，僧问："如何是佛？"（慧觉广照）师曰："铜头铁额。"[1] 在这一案例中，在接收该僧的疑惑彰宣后，彰宣接收者慧觉广照禅师发出了非疑惑观点彰宣"铜头铁额"作为回应。又如，有大德作偈留曰："无处青山不道场，何须策杖礼清凉。云中纵有金毛现，正眼观时非吉祥。"（赵州从谂）师曰："作么生是正眼。"德无对[2]。在这一案例中，大德作偈的彰宣行为结束后，赵州以勘验作为回应。大德作偈"无处青山不道场……"以彰宣其参悟体验；从谂禅师则以"正眼"发问，意在勘验对方对"正眼"的理解。结果大德无以应对，未通过勘验。

在疑惑彰宣行为中，机锋行为者鲜有将疑问彰宣假装为其他施事行为的意图。但在非疑惑彰宣行为中，却经常出现虚构的假装游戏。比如，（黄檗希运）师一日捏拳曰："天下老和尚，总在这里。我若放一线道，从汝七纵八横。若不放过，不消一捏。"僧问："放一线道时如何？"师曰："七纵八横。"曰："不放过，不消一捏时如何？"师曰："普。"[3]

在上述机锋案例中，希运禅师用行为和言语发起假装游戏，虚构了"放一线道"和"不放"两种情形。禅僧问："放一线道时如何？"，是假装游戏内的疑惑彰宣。禅师所答："七纵八横"是基于假装游戏的观点彰宣。尔后禅

① 普济：《五灯会元》，苏渊雷点校，中华书局 1984 年版，第 706 页。
② 普济：《五灯会元》，苏渊雷点校，中华书局 1984 年版，第 199 页。
③ 普济：《五灯会元》，苏渊雷点校，中华书局 1984 年版，第 189－190 页。

僧又问"不放过，不消一捏时如何？"这也是假装游戏内的疑惑彰宣。禅师所答"普"，还是基于假装游戏的观点彰宣。

彰宣行为可出现话题突变的话轮转换。无关的话题可以出乎预期地介入彰宣行为中，并引起非预期话题转换。比如，僧问："农家击壤时如何？"（缘胜）师曰："僧家自有本分事。"曰："不问僧家本分事，农家击壤时如何？"师曰："话头何在？"① 在这个案例中就出现了话题突变：禅僧发出疑惑彰宣"农家击壤时如何？"，缘胜禅师发起不相关的话题"僧家自有本分事。"以此作为自己的观点彰宣。

有意图、观点或疑问的彰宣，就会有对所持意图、观点或疑问的竞逐。因此机锋心智沟通的过程也包括思维对擂情形，这就为竞逐行为提供了可能。竞逐行为是指机锋行为者在交际中反驳、攻击对方思维模式的行为。机锋交际中的竞逐行为符合人类天性中的竞争优势效应。所谓竞争优势效应是指：存在利益冲突的情况下，人们会选择竞争；即使存在具有共同利益的情况下，人们往往还是优先选择竞争。当竞逐行为参与者恰好为一名已悟者和一名未悟者时，竞逐行为可发生零和博弈；如果行为参与者之间并无心智状态的显著差异，竞逐行为则发生非零和博弈。

如果机锋行为者发出某次互动行为时，交际意图是意欲与对方发生竞逐，则该交际行为属竞逐行为。就我们观察到的机锋交际而言，竞逐行为者几乎从不直接宣说自己的竞逐意图，甚至多数竞逐行为涉及假装意图。也就是说，竞逐行为者意欲让竞逐行为看起来像其他施事行为。在假装意图介入下，机锋行为者发出的任何施事行为皆非真诚，行为者无须对行为实施的任何适切条件负责。

竞逐者可以假装执行断言类施事行为。比如，（师解禅师）师尝参洞山，山问："阇黎生缘何处？"师曰："和尚若实问，某甲即是闽中人也。"曰："汝父名甚么？"师曰："今日蒙和尚至此一问，直得忘前失后。"②

在上述机锋案例中，洞山和尚首先假装发出询问："阇梨生缘何处？"以

---

① 普济：《五灯会元》，苏渊雷点校，中华书局 1984 年版，第 603 页。

② 普济：《五灯会元》，苏渊雷点校，中华书局 1984 年版，第 241 页。

"某人生缘某处"的常规询问话语，意图勘验对方的见地水平。师解禅师看破洞山提问中所隐藏的假装意图，"和尚若实问"，暗指洞山发出疑问言语行为并非出于存在疑惑。因此，师解以"和尚若实问，某甲即是闽中人也"之答语作为回应，这是一种思维竞逐行为。洞山再度执行勘验，又问道："汝父名甚？"师解禅师再次否定了此问的假装意图。最后师解禅师发出竞逐式回应，陈说了一种虚拟的心智状态："今日蒙和尚至此一问，直得忘前失后。"

竞逐行为者也可通过假装发出疑问来执行思维竞逐。比如，因蔵上座参，（日容远和尚）师拊掌三下，曰："猛虎当轩，谁是敌者？"蔵曰："俊鹘冲天，阿谁捉得？"师曰："彼此难当。"蔵曰："且休，未要断这公案。"师将拄杖舞归方丈，蔵无语。师曰："死却这汉也。"[①] 在此机锋案例中，蔵上座来参，日容远禅师发起思维勘验：拊掌三下，又问："猛虎当轩，谁是敌者？"蔵上座接收上述勘验行为后，对勘验者发起竞逐行为。也即蔵上座隐藏了自己的竞逐意图，通过假装发起另一个疑问的办法来反击对方的勘验，问："俊鹘冲天，阿谁捉得？"接着，日容远和尚发起思维彰宣，答道："彼此难当。"

如图2.3所示，竞逐机锋交际由竞逐行为者、竞逐接收者、竞逐行为三要素组成。有时候，竞逐行为发生前会进行思维勘验，以便了解把握竞逐接收者的心智状态。当然也有针对性地进行思维竞逐。

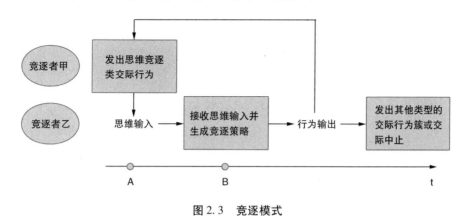

图2.3 竞逐模式

竞逐行为对参与者已悟与未悟的意识状态并无要求，也即无论是已悟者

---

① 普济：《五灯会元》，苏渊雷点校，中华书局1984年版，第248页。

或是未悟者皆可发起竞逐。竞逐双方由于心智状态的境界不同，可能出现四种情况，即临济禅师给出的四种宾主关系，参见第一章第一节。当一名竞逐者发出竞逐行为之后，接收竞逐方可以用竞逐行为回应对方，也可发起其他交际行为。

三、勘验审定模式

所谓勘验就是勘察、检验或评判学人的心智状态。如果机锋行为者发出某次互动行为时，交际意图是勘验对方，则该机锋行为属勘验行为。勘验行为是为落实勘验意图而发出的机锋交际行为。如果被勘验者的机锋应对呆板，则勘验者认定其心智状态劣；如果被勘验者的机锋应对灵动，则勘验者认定其心智状态优。

比如（重恽禅师）师曰："幽州一支箭，虚空无背面。射去遍十方，要且无人见。"僧问："如何是和尚一支箭？"师曰："尽大地人无骷髅。"[①] 在此机锋案例中，重恽禅师为勘验者，禅僧为被勘验者。重恽禅师意欲引发禅僧的行为响应，并对该行为响应进行思维勘验。

从这则机锋案例中看到，重恽禅师发出了"幽州一支箭"的断言，陈述了"幽州一支箭"的虚构场景，构成了勘验活动的假装行为外壳。僧人接受了这一引发行为，并做出行为响应，发问："如何是和尚一支箭？"重恽禅师通过禅僧的这一响应完成了勘验，并发出既可看作是彰宣行为、又可看作是启发行为的断言"尽大地人无骷髅。"

显而易见，在上述机锋案例中，为了取得更好的勘验效果，重恽禅师在勘验时并不表现出引发意图和勘验意图，而是假装执行断言类施事行为。除断言类施事行为外，勘验者还可假装执行询问、指令，假装发出无固定符号意义的声音，或做出表情和肢体动作，来引发和等待勘验接收者发出行为响应。

如图2.4所示，勘验行机锋交际由勘验行为者、勘验接收者、勘验行为

[①] 普济：《五灯会元》，苏渊雷点校，中华书局1984年版，第357页。

三要素组成。当勘验者认为勘验接收者思维活动晦暗不明、需要加以判定时，即可触发勘验，无须考虑在此次勘验活动之前是否发生过其他勘验活动。在勘验行为中，勘验者发挥着引导交际走向、探验思维活动、评估心智状态的作用。

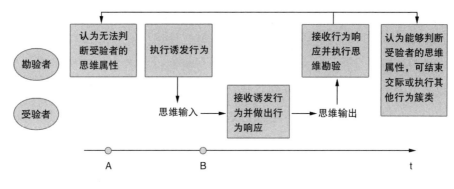

图2.4　勘验模式

在实施勘验活动时，勘验者隐藏其引发意图和勘验意图，以假装发出非勘验类施事行为的方式，发出交际引发行为，以便引发被勘验者做出行为响应。被勘验者接收引发行为后，该引发行为形成被勘验者的思维输入。然后，被勘验者生成问题的解决方案，形成思维输出，做出对应的行为响应。

即使被勘验者无任何行为响应，也可表征被勘验者的思维活动和心智状态，并不影响勘验。因为无任何行为响应也是一种响应。勘验者接收行为响应，对该行为所表征的被勘验者思维和心智水平进行评估，并执行缄默审定。至此，一次勘验活动完成。如果勘验者认为通过此次勘验，已足以认定被勘验者的心智状态，则既可结束此次交际活动，也可继续展开其他交际活动（如心智启发）。如果勘验者认为此次勘验不足以认定被勘验者的心智状态，则可触发下一次勘验。

比如，（芭蕉山圆禅师）师曰："三千大千世界，夜来被老僧都合成一块，滚向须弥顶上。释帝大怒，拈得扑成粉碎。诸上座还觉头痛也无？"良久曰："不识痛痒好！珍重！"[1] 这也是一种勘验行为，芭蕉禅师为勘验者，僧众为

---

① 普济：《五灯会元》，苏渊雷点校，中华书局1984年版，第557页。

被勘验者。芭蕉禅师在未知晓僧众心智状态的情境下触发了勘验。他以虚构的断言类施事行为，描述了一个虚构场景"三千大千世界，夜来被老僧都合成一块……"，接着询问大众"还觉头痛否？"僧众接收禅师的思维输入后，陷入了思维僵局，无以应对。对于芭蕉禅师而言，这足以认定没有一名被勘验者能够通过勘验，因此，勘验环节至此结束。芭蕉禅师等待良久，然后又执行思维启发交际行为，说道："不识痛痒好！珍重！"

勘验要得出结果，这便涉及审定行为。机锋行为者发出某次互动行为，如果其意图是审查、确定对方的心智状态，并且意欲对方知晓审定结果，则该机锋行为属于审定行为。审定行为是一种比较直接的机锋行为，其涉及的机锋行为策略大多为直陈策略，一般不涉及假装意图或其他行为策略。

如图 2.5 所示，审定机锋交际由审定者和被审定者协同合作完成。审定行为可以在启发、勘验或竞逐行为之后发起。发出审定行为，意味着审定者认为已经清晰把握了对方的心智状态，并意欲发布这一审定结果。审定行为不涉及交际意图假装，是一种真诚的机锋行为。因此审定者发出审定行为时，需要对表达内容的真实性、可考据性负责，也需要满足言语行为成功执行的其他适切条件。

比如，有人问："大用现前，不存轨则时如何？"（大安）师曰："汝用得但用。"僧乃脱膊，绕师三匝。师曰："向上事何不道取？"僧拟开口，师便打，曰："这野狐精，出去。"[①] 在此机锋案例中，僧人首先发出疑问彰宣行为，询问："大用现前，不存规则时如何？"大安禅师发出解惑的彰宣行为，以直陈的方式答道："汝用得但用。"接着这位禅僧发出非言语方式的竞逐行为"脱膊，绕师三匝"。大安禅师则展开勘验问道："向上事何不道取？"禅僧刚要开口，大安即完成了并未开悟的审定。于是，大安禅师产生向禅僧明示审定结果的审定意图，并通过言语行为表达了这一审定结果：禅僧是假装有所悟的"野狐精"。禅僧并未生成后续的交际意图，交际行为至此结束。

---

① 普济：《五灯会元》，苏渊雷点校，中华书局 1984 年版，第 192 页。

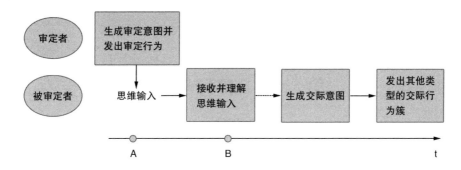

图2.5　审定模式

审定是一种比较直接的机锋行为。即审定行为者发出审定，审定接收者识别这种审定，较少运用体现机锋交际原则的各种复杂策略。当审定者做出负面审定时，审定者常呈现出骂詈的语言使用偏好，如"野狐精""虚头汉""贼"等。需要指出的是，机锋交际中存在缄默审定现象，即审定者对被审定者的思维执行了审定，但并未将审定结果表达出来。缄默审定是一种不完整的、未宣示审定结果的审定行为。

机锋交际是一种基于交际行为的心智沟通过程。机锋沟通过程主要涉及五个环节：心智启发、心智彰宣、心智竞逐、心智勘验、心智审定。相应地，机锋交际具有五种基本行为类别：启发行为、彰宣行为、竞逐行为、勘验行为和审定行为。在一场机锋交际过程中，往往同时包含着多种行为的组合，并相互衔接。机锋交际的目的就是通过言语行为交际博弈的心智训练，来启发学人成就通达无碍的禅悟境界。

综上所述，我们通过机锋的语用分析，论述机锋交际现象、机锋语用原则、机锋沟通模式，从而提炼出禅宗机锋的一般语用交际规律。这样的研究，一方面有助于弥补传统禅宗机锋研究的不足；另一方面也有助于拓展认知语用学理论的研究范畴，为构建发展认知语用理论奠定新的基础。

第三章　机锋博弈

本章，我们从博弈的视角来研究禅宗机锋交际言语行为，给出禅宗机锋博弈的形式描述。本章内容分为三节。第一节"机锋博弈过程"，我们将给出机锋博弈的形式定义，对机锋博弈过程进行分析，并对禅悟境界给出界定。第二节"机锋策略模型"，我们将对机锋博弈要素展开说明，然后构建机锋策略模型，并结合机锋案例进行分析。第三节"计算仿真实验"，我们将阐述机锋博弈的计算原理，然后运用计算仿真实验，分别给出竞争式和隐含式机锋策略行为的计算模拟演化结果，并对计算结果进行分析。

第一节　机锋博弈过程

首先，在机锋博弈中言语行为是策略的载体，因此，机锋博弈最直观的呈现方式，就是言语行为的策略博弈。其次，这种机锋言语行为的策略博弈，来源于机锋博弈的双方主体的认知过程。因此，为了探究机锋博弈的不同呈现方式及其关系，我们从机锋博弈的策略与认知两个层面进行机锋博弈形式化描述。

一、机锋博弈形式定义

机锋作为禅宗的一种启发、彰宣、竞逐、勘验与审定的交流活动，是以言语行为为载体的策略行为。作为一种施教方式，禅宗机锋不是随意之作为，更不是无意义之仪式。从施教启悟的过程看，除慧根深者外，大多数开悟结果是在启悟者与参悟者之间的机锋过程中获得。这就是机锋启悟途径，是一种最能展现禅者大智慧的施教方式。

大凡古德机锋运用，无不凌厉相向、夺人心境，施机接引学人立断迷妄，引导学人明心见性。比如唐代严阳善信禅师，是赵州丛谂禅师的法嗣。严阳禅师第一次拜见赵州和尚，就有如下一段非常典型的机锋启悟案例。

> 严阳问："一物不将来时如何？"赵州曰："放下着。"（严阳）师曰："既是一物不将来，放下个甚么？"赵州曰："放不下，担取去。"严阳尊者师于言下大悟①。

从上述机锋案例不难看出，机锋具有犀利、直指的言行风格。严阳尊者后来回洪州传法，接人多用活语，既不棒打也不喝骂，唯凭三寸软舌为学人解疑去惑，机锋莫测，颇得赵州和尚的真传。

在机锋博弈过程中，禅师使用超越逻辑、无迹可寻却又深含禅意的启悟策略，不仅可以用来接引学人，而且可以勘验学人或者表达禅悟境界。通过大量机锋案例的考察，结合第二章的分析，我们给出如下机锋博弈的定义。

定义 3.1 机锋博弈　在以禅师、学人为组合体的内部所发生的不落迹象、不着边际、锋锐直戳人心且含意深化的言行。可分为如下狭义与广义两种情形：

（1）狭义机锋博弈　博弈参与者为获得博弈收益，根据语境，选用特定言行作为博弈策略进行的一种交流活动。其中，博弈参与者为禅师、学人；言行博弈策略满足以下指标：落迹度 n（$0 \leqslant n < 1$）、着边度 n（$0 \leqslant n < 1$）、锋锐度 n（$0 < n \leqslant 1$）、言行流向转度 n（$0 < n \leqslant 1$）且含意深化度 n（$0 < n \leqslant 1$）；博弈收益至少满足以下一项：展现禅悟境界 n（$n \geqslant 0$）、勘验禅悟境界 n（$n \geqslant 0$）、提升禅悟境界 n（$n \geqslant 0$）。

（2）广义机锋博弈　博弈参与者为获得博弈收益，根据语境，选用特定言行作为博弈策略进行的一种交流活动。其中，博弈参与者为禅师、学人；言行博弈策略满足以下指标：n（$0 \leqslant n \leqslant 1$）、着边度 n（$0 \leqslant n \leqslant 1$）、锋锐度 n（$0 \leqslant n \leqslant 1$）、言行流向转度 n（$0 \leqslant n \leqslant 1$）且含意深化度 n（$0 < n \leqslant 1$）；博弈

---

① 普济：《五灯会元》，苏渊雷点校，中华书局 1984 年版，第 243 页。

收益至少满足以下一项：展现禅悟境界 n（n≥0）、勘验禅悟境界 n（n≥0）、提升禅悟境界 n（n≥0）。

所谓落迹度 n（0≤n＜1 或 0≤n≤1），是指当机锋施教言行出现，机锋接受者寻得其意向所指的程度，也就是接机者知道该言行意向所指的可能性。当该言行使接受者毫无悬念地知道其意向所指，落迹度系数 n 为 1。当该言行使接受者完全不知道其意向所指，落迹度系数 n 为 0。在 1 与 0 之间则为接受者寻得该言行意向所指的某种可能性，其可能性高低依 n 的大小而定：n 越接近 0 则可能性越低，当 n 越接近 1 则可能性越高。

所谓着边度 n（0≤n＜1 或 0≤n≤1），是指言行出现后，在诸如"有与无""大与小""存在与虚空"之类具有对立性命题态度的偏向依附程度。当 n＝0 时，言行在对立性命题态度的中间，是中道。当 n＝1 时，言行完全偏落在对立性命题态度的某一方。当 0＜n＜1 时，言行偏向于对立性命题态度的某一方，其偏向程度依 n 的大小而定：n 越接近 0 则体现言行偏向性越小，n 越接近 1 则体现言行偏向性越大。

所谓锋锐度 n（0＜n≤1 或 0≤n≤1），是指言行对接受者思维的干扰程度。因此，从效果上看，锋锐度越高，越能导致接受者陷入对立、斗争性的思维认知状态。当 n＝0 时，言行对接受者思维完全无扰。当 n＝1 时，言行完全干扰接受者的思维。当 0＜n＜1 时，言行对接受者的思维存在一定的干扰，其干扰程度取决于 n 的大小：n 越接近 0 则体现接受者思维干扰程度越小，n 越接近 1 则体现接受者思维干扰程度越大。

所谓言行流向转度 n（0＜n≤1 或 0≤n≤1），是指交际双方言行流向的交叉程度，体现的是交际双方言行思维的同一性程度。当 n＝0 时，双方言行处于同一直线上的相同流向，思维同一性程度高，没有偏差。当 n＝1 时，双方言行处于同一直线上的相反流向，思维同一性程度低，完全偏差。当 0＜n＜1 时，一方言行流向与另一方言行流向存在偏差，其偏差程度取决于 n 的大小：当 n 越接近 0 则偏差程度越小，当 n 越接近 1 则偏差程度越大。

所谓含意深化度 n（0＜n≤1），是指言行含意的隐晦程度，实际上体现的是隐含启发禅悟的契机深度。当 n＝0 时，言行含意直白化，接受者完全确定知道该言行含意。当 n＝1 时，言行隐晦化，接受者完全无法直接从言行内容获得其含意。当 0＜n＜1 时，言行有所隐晦，其隐晦程度取决于 n 的大小：n 越接近 0 则隐晦程度越低，n 越接近 1 则隐晦程度越高。

所谓禅悟境界 n（n≥0），是指认知主体开悟的水平高低程度。开悟程度取决于 n 的大小。n 越大则开悟程度越大，n 越接近 0 则开悟程度越小，当 n＝0 时则认知主体处于完全没开悟的状态。

需要注意的是，在狭义机锋博弈与广义机锋博弈中，博弈策略都设置了"落迹度 n""着边度 n""锋锐度 n""言行流向转度 n"四个指标。狭义机锋博弈必须完全满足四个指标，而广义机锋博弈可以不满足、只满足其中某一个或某几个指标。因此，两者在 n 的取值上存在差异：狭义机锋博弈中落迹度、着边度这两项指标必须满足 n≠1；而广义机锋博弈可以 n＝1（此时意味着该指标不存在）；同样地，狭义机锋博弈中锋锐度、言行流向转度这两项指标必须满足 n≠0；而广义机锋博弈可以 n＝0（此时意味着该指标不存在）。

此外，在选用言行为策略的总体指标要求上，狭义机锋博弈与广义机锋博弈有所差异。落迹度、着边度、锋锐度、言行流向转度均是狭义机锋博弈的必备指标，这就意味着对于狭义机锋博弈而言，在此基础上还可以追加其他指标；但对于广义机锋博弈而言，却并不存在这种可以追加其他指标的开放性准入条件。

狭义机锋博弈与广义机锋博弈也有共同点，即"含意深化度"都是必备指标，因此，其取值区间相同。这是机锋博弈的基本要求，其所反映的是：从博弈策略来看，狭义、广义机锋博弈的基本特征都是不可直言阐述禅境的问题；相应地，从认知功能来看，狭义、广义机锋博弈都需要通过认知主体的自我反思去体悟禅境。

总体而言，对于我们给出的机锋博弈形式定义，狭义机锋博弈定义更加突出了"博弈"的特点，而广义机锋博弈定义则更多体现了"禅悟"的本质。这样就可以根据不同的应用场景，来选择不同的机锋博弈形式定义。

二、机锋博弈过程分析

禅宗机锋交际又称为"斗机锋"。"斗"泛指博弈对抗；"机"通"几"，指幽微玄秘而不可测；"锋"则如阵上交锋；所以，"斗机锋"蕴含着"机要秘诀"的博弈对抗之义。通常博弈泛指一切存在竞技策略的对抗活动。竞技策略对抗自然会有输、赢、平局之分。因此，从言行的策略对抗角度而言，禅宗机锋可称为一种策略博弈。

图3.1给出了禅宗机锋博弈过程。在图3.1中，施机者和接机者是机锋互动过程的参与者，其机锋参与角色可以相互转换。整个机锋互动过程可以分为从A经过B到C的施机阶段，和从C经过D到E的接机阶段两个环节的轮转。

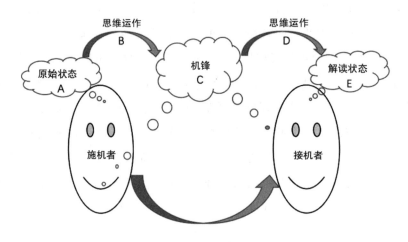

图3.1 禅宗机锋博弈过程

当机锋处于施机阶段时，机锋是施机认知主体（施机者）的思维主导对象。此时，施机者是机锋的发出主体，其深知机锋内容富有意向性、预设性、隐喻性、策略性等特征。这些特征的运用体现了施机者思维与机锋的作用过程。

当机锋处于接机阶段时，机锋是接机认知主体（接机者）的思维主导对象。此时，接机者是机锋的接受主体，若其无法像施机者那样深知机锋内容所带有的意向性、预设性、隐喻性、策略性等意味，可能会出现一知半解、完全不知或误解的认知状态。接机者对这些意蕴的"解码"即是接机者的思维与机锋的作用过程。最理想的情况是接机者"解码"成功，达成禅悟状态。

尽管禅宗机锋博弈思想交流具有超逻辑的特点，但在规范的机锋博弈场景下，参与者遵循机锋会话原则。也就是说，禅师绝不会为了使得学人无从对机而施机。学人能否成功接机，体现为学人的认知状态是否能通过启悟达到禅师的预设目标。

在机锋博弈过程中，博弈参与者心智状态的高下决定了其机锋博弈收益。博弈参与者的博弈收益可以用马太效应来解释。马太效应可诠释为任何个体、群体或地区一旦在某一个方面获得进步和成功，就会产生一种积累优势，从而占有更多资源和获得更大成功。马太效应的本质是一种反平均主义的"赢家通吃"效应。

我们发现，如果机锋交际由已悟者和未悟者协同参与完成，那么他们双方协同生成的机锋交际行为就存在马太效应。如果博弈参与者业已开悟，机锋的深意可不觅而得；反之，如果博弈参与者尚未开悟，机锋的深意则苦觅不得。

从施机者的层面看，已悟者为生成一段机锋耗费的心智努力极小，而其所生成的机锋却总是合乎禅理，所谓一通百通。与此相反，未悟者为生成一段机锋耗费的心智努力极大，但其所生成的机锋却总是不合乎禅理，所谓一叶障目。

从接机者的层面看，已悟者为理解对方机锋行为所付出的心智努力极小，而其获取的悟境效果极大。与此相反，未悟者为理解对方机锋行为而付出的心智努力极大，但其获取的悟境效果却极小。

机锋交际的马太效应概括了机锋生成和理解过程中的反平均主义现象：机锋理解者要么耗费很多心力，却依然不能生成和理解机锋；要么无须耗费很多心力，仅凭语感和直觉即可生成和理解机锋。

显然，机锋交际的马太效应由博弈参与者的心智状况不平均所造成。如果想改变这种不平等的收益状况，博弈参与者必须努力积累一个大的心智飞跃。只有这样，博弈参与者才能进入机锋交际的良性轨道，从而进入马太效应的良性循环。当然通过提高对禅理的见解能力，机锋交际者也可缓和马太效应，但只要机锋交际者尚未开悟，所谓提高的禅理见解能力反而容易陷入口头禅，依然无法摆脱马太效应带来的负面结局。

三、机锋境界层次界定

人是社会性动物，因此，人类个体之间必然存在交流行为。人类交流的方式以言语行为交际为主。机锋博弈也属于一种对话式言语行为的交流。在机锋对话之中，言行是策略的载体，机锋博弈的呈现最直观的就是言行的策略博弈。这种言行的策略博弈来源于博弈双方主体的认知。

因此，机锋是以言行为载体的策略行为，其策略性呈现为机锋载体的目的性、功能性及方便性。在机锋的对话中，可以发现，其既具有对话逻辑的特征，也具有策略博弈的特征。作为一种策略博弈，机锋博弈又有策略对抗活动的特征。这里我们将从策略对抗活动中所牵涉的诸多要素进行分析，给出禅悟层次性、慧根利钝度以及策略关联度的形式定义，为机锋博弈的策略模型分析做基础准备。

定义 3.2 禅悟层次度 $f_\heartsuit(x)$　　给定一个认知主体集 Ag，以及实数集 R，所谓禅悟层次度 $f_\heartsuit(x)$ 是对认知主体集中的每一个主体 $x \in Ag$ 指派到实数集中的某一实数 $y \in R$ 的函数 $y = f_\heartsuit(x)$。$f_\heartsuit(x)$ 函数值反映的是认知主体对禅理的明了程度，进而表明主体所展现思想境界的深浅、宽窄状态。不同数值对应不同认知主体的认知状态：负值表示认知主体处于迷茫状态；零值表示认知主体非迷非悟的无记状态；正值及其大小意味着认知主体处于禅悟境状态及其程度高低。

我们可以从两个维度来看待所谓的禅悟境界。一个是在纵向上看，禅悟境界存在着层次性的高低深浅之别。另一个是在横向上看，禅悟境界存在着认知域的大小宽窄之别。对禅悟境界的刻画反映了禅悟存有由浅入深、由内至外的认知过程。悟境的深浅度、宽窄度可以因同一主体对不同客体的参悟程度而不同，也可以因不同主体的慧根差异而不同。因此，禅悟的层次性所展现的既是参悟者对具体事物悟性的高低与宽窄，也是参悟者自身的慧根程度。

定义 3.3 慧根利钝度 $f_\triangle(x)$　　给定实数集 R，对于一个认知主体集 Ag，其认知主体的慧根利钝度 $f_\triangle(x)$ 是指一个将认知主体 $x \in Ag$ 映射到一个实数

y ∈R 上的指派函数 y = f_△（x）。f_△（x）函数值体现了机锋博弈中认知主体自身对外部知识的吸收、加工及运用的认知能力；反映在禅悟上，f_△（x）函数值刻画的是参悟者自身慧根程度，也就是禅悟效率与效果（利或钝）的表现程度。

此外，禅宗机锋是一种去意向性方便法门，机锋的意向性体现为施机的意向内容与施机的表征内容之间的关联性。因此，这种关联性成为理解机锋博弈、参与机锋博弈的核心要领之一。不同的禅师（或是相同的禅师）对于不同的语境、不同的博弈对象，在机锋博弈中呈现不同的意向内容与表征内容之间的策略关联度。

定义 3.4 策略关联度　给定一个策略（内容）集 Stra，实数集 R，以及一个意向（内容）集 Inte，一个策略关联度（f_{Stra}（s）是指对每一策略内容 s ∈Stra 与意向内容 y ∈Inte 之间的二元关系 sRy 映射到某一实数 z ∈R 的指派函数 z = f_{Stra}（sRy）。

就施机者而言，策略关联度主要反映了施机者对博弈语境、对象根性等内容的把握程度，以及对禅法的驾驭能力。就接机者而言，策略关联度函数也可以间接地反映其作为博弈参与者的"设局"能力水平，但更侧重反映的是其"破局"的禅悟层次水平。

机锋博弈既是一种随着时间演变的施教行为，又是一种依各自禅门风格而不同的施教行为。在不同历史时期，各家禅宗门派的博弈策略表现方式有一定的差异。因此，我们需要对机锋博弈的策略进行归类研究。比如可以将《人天眼目》[①] 作为主要史料，参考各类禅宗文献，将历代禅师和学人施机与接机的策略模式进行比较分析和分类。这样就可以形成不同的机锋博弈策略方式类别，作为我们建立机锋博弈策略模型的依据。

①　智昭：《人天眼目》，载蓝吉富《禅宗全书》第 32 册，台北文殊出版社 1988 年版，第 269 – 342 页。

第二节　机锋策略模型

有了上述机锋博弈的过程分析以及基本概念的形式定义，我们就可以构建机锋博弈的策略模型。机锋博弈属于动态博弈，相比静态博弈而言，动态博弈需考虑的因素更多。对于一个完整的机锋博弈模型，一般会涉及以下几方面的要素：满足理性认知能力的博弈参与者、不可控的外在因素"自然"、认知博弈过程中获得的信息集、机锋博弈中采取的言语行为空间、机锋博弈采取行为方案的策略空间等。这些机锋要素，我们都可以给出严格的形式化定义。在要素定义的基础上，可以构建机锋的策略模型，并结合案例进行分析。

一、机锋博弈要素说明

首先，机锋对话活动中，参与者是活动（包括策略活动与认知活动）的主体。博弈参与者的目的是根据外部环境与自身条件付诸恰当行动，以期获取最理想的收益。参与者能以收益为导向，并根据所处环境及时灵活地调整自己的行动，靠的是自身的认知能力。这种具有认知能力的主体（简称认知主体），隐含着作为参与者的一个前提条件，即具有理性认知能力。因此，可以给出如下定义。

定义 3.5 参与者　　在一个具有 $Ag = \{1, \cdots, i, \cdots, n\}$ 角色集合的博弈 G 中，参与者 $i \in Ag$ 是至少满足条件 $R(v_1, v_2) \cup M(v_2) \cup P_a(y_1, \cdots, y_n) \cup P_b(x_1, \cdots, x_n)$ 的主体。其中，

（1）$R(v_1, v_2)$ 为理性认知函数；

（2）$M(v_2)$ 为预期目标；

（3）$P_a(y_1, \cdots, y_n)$ 为现状分析能力；

（4）$P_b(x_1, \cdots, x_n)$ 为现状与目标之间的构建、搜寻与演算能力。

在定义 3.5 中，v_1 为主体对象，v_2 为目标对象，$y_1, \cdots, y_n$ 为一组现状描述参数，$x_1, \cdots, x_n$ 为一组目标描述参数。需要明确的是，这里的各项指标都

是一个动态函数。比如，理性认知的确定既依赖于其主体对象 v_1 的确定，又依赖于其目标对象 v_2 的确定。在机锋博弈中（或是在其他现实的生活中），认知主体对理性存偏好，有时呈现出所谓"非理性"的表现，但这不意味着认知主体放弃理性认知的前提预设。事实正好相反，理性一直存在，只是这种理性是对偏好的心理满足感为导向的理性。因此，理性认知的前提预设不妨碍认知主体持有偏好的情况。

理解了以上要点，就明白参与者并非必然是人类主体，也可以是智能机器主体。确切地说，只要满足以上定义的主体皆可以是机锋博弈参与者。在机锋博弈中，往往只有两个参与者（也有三个以上参与者的案例，但不影响我们这里描述的普适性）。

其次，在机锋博弈过程中，如果施机者的施机行动选择受到不可控因素的影响，那么就有"自然"因素的存在。这里所谓的"自然"，不是指"大自然"的自然，而是指一种泛称的外在因素。"自然"的提出正是为了刻画某种认知主体不可控的外在因素，它们会影响收益分布的结果。

定义 3.6 自然　　给定一个博弈 G，及一个主体集 Ag，"自然"（记 Nat）是存在于 G 中使得参与者 $i \in Ag$ 在行动前自身不可确定的外在风险因素。"自然"对主体即将执行的相同行动具有不同收益影响。

例如，在学人准备向禅师问话前，有两个备选内容："何物为佛（A）"与"山为何还是山（B）"。同时，还存在一个会影响学人选择问话内容的未知语境因素"面前这位禅师在禅宗界的声望（C）"。那么，在这样的机锋博弈中，在学人问话的意向性内容不变的情况下，学人在（A）与（B）中做选择时会受（C）的影响。比如，当学人猜测禅师的声望较高时，他很有可能会选择（B）；相反，当他猜测禅师声望很低时，他很可能会选择（A）。这里的（C）就是该博弈的"自然"因素，其对学人在机锋博弈中的收益起到了明显的影响。

在机锋博弈的过程中，"自然"存在与否需要根据定义 3.6 中所描述的情景而定。直观地说，如果最先行动的参与者在做行动选择时，不受外界不可控因素影响，那么就可以不考虑"自然"。当在机锋博弈的具体案例中需要考虑"自然"时，则必须将其当作虚拟的参与者（pseudo‑player），此时也可称其为"自然人"。

在哲学领域以外的学科中，对于"信息"一词的定义是模糊的，甚至是不准确的，容易将"知识"与"信息"相混淆。这种混淆，对于涉及认知博弈的禅宗机锋形式刻画有很大弊端。必须明确，"知识"与"信息"是不同的概念。简单地说，信息是知识的初始材料，而知识是信息加工的结果。在认知博弈中，我们定义的"信息"是上述意为知识初始材料的信息，而非一些文献中将知识与信息混同的信息。

定义 3.7 信息 给定一个博弈 G，及一个主体集 Ag，关于参与者 $i \in Ag$ 在机锋博弈过程中所获得的一个信息（记 h_i），是指参与者 $i \in Ag$ 在做出行动选择的某一博弈决策点之前所能认知到的现象。

这种信息是未经推理加工前，以语境形式存在着的原始符号集。比如，禅师在做出施机前所观察到学人的言语行为直观内容，就属于这种"信息"。我们这样的定义是为了体现机锋博弈与传统的策略推理和认知推理的本质差异。与信息相关的另一个核心概念则是"信息集"。

定义 3.8 信息集 给定一个博弈 G，及一个主体集 Ag，策略点集 N_{Stra}，及行动集·，关于参与者 $i \in Ag$ 的一个信息总集（记 H_i）是一个集合 $H_i = \{h_i^1, h_i^2, \cdots, h_i^K\}$，其中 $h_i^j = \{J_i^1, J_i^2, \cdots, J_i^M\} \in H_i$ 即是参与者 i 的某一信息集，满足以下条件：

（1）$K \subseteq N$ 是参与者 $i \in Ag$ 信息集的总个数；

（2）$\{J_i^1, J_i^2, \cdots, J_i^M\} \subseteq N_{Stra}$，表示信息集亦是决策点集；

（3）同一信息集的任意决策点具有相同的可选行动集，即有下式成立：

$$A_{J_i^1} = A_{J_i^2} = \cdots = A_{J_i^M} \subseteq \mathring{A}$$

（4）一个信息集上的决策点在博弈次序上同样处于并列的位置；

（5）一个参与者只能对应一个信息集，并且该参与者无法自我断定自身处于此信息集的哪个决策点。

机锋博弈的行动不同于其他领域上的行动。理论上博弈参与者的行动集是一个无穷集中的有穷子集。也就是说，博弈参与者每次执行行动，理论上有无限多种可能可供选择；但实际上，鉴于每个参与者作为人类个体所具有认知能力在深度与广度上的有限性，参与者在每次执行行动中，只能想到有穷的行动方案。因此，行动方案集也能够体现参与者认知深度及广度的差异。

定义 3.9 行动、行动空间　给定一个博弈 G，及一个主体集 Ag，自然言行集 N_{Lan}，一个关于机锋博弈参与者 $i \in Ag$ 的行动（记 a_i）是一个自然言行集，子集元素 $a_i \in A_i \subseteq \cdot_i \subseteq N_{Lan}$。其中，$A_i$ 每个信息集上的行动集 $\cdot_i$ 是整个博弈过程的行动空间。同样地，因为自然言行的无穷性，我们在刻画机锋博弈的策略模型时，对相应的行动、行动集、行动空间有以下约定：

（1）$A_i = \{a_i^1, a_i^{-1}\}$，即每次 A_i 的出现有且仅有两个元素；

（2）$\mathring{A}\cdot_i = \{$正语，逆语，异语，体语，不语$\}$。

在定义 3.9 中，约定（1）说明虽然参与者每次可以选择无限多种言行去博弈，但最后总是仅选择一个言行去表达。假如所选言行是 a_i^1，那么所选择与 a_i^1 相异的言行皆是 a_i^{-1}。这个约定有以下两点考虑因素：其一是符合策略博弈的惯用方式，方便后期模型上的策略比较；其二是符合实际交际言行的选择行为：虽然一开始有多种言行可选择，但比较到最后，总是仅剩两两相对的可选项。

在定义 3.9 中，约定（2）是由含义、言行方式的多重划分形成的结果。这样约定的依据也有两点考虑。其一，为了模型化机锋博弈，必须对自然言行的无穷性进行有限化，才能运用后期的模型分析；其二，从机锋博弈的实际情况出发，大多数的机锋言行皆可归类到这五个元素上面。

在定义 3.9 约定（2）中，"正语""逆语"与"异语"是从含义与言行内容的关联程度划分的。"正语"表示言行内容与意向含意（或称会话含意）形同或相近的机锋言行；"逆语"是言行的意向含意与言行内容所表达的含意相反；"异语"是指言行的意向含意与言行内容的直接含意既不是相反也不是相同的一种不相关状态。"体语"是指一种肢体言行，如棒喝。"不语"是一种沉默的状态。

最后，策略是机锋博弈的核心要素，是禅师或学人各自依据对方的行动做出回应的行动方案。对于机锋博弈而言，禅师与学人之间的对话是一种互动行为，具有明显的序列关系，所以，策略与行动是不同的概念。但作为一种应机行为，策略是根据对手的行动方案来设定自己相应的系列行动规划。因此，策略强调的是针对对手的各种可能行动，自己呈现一个应对行动组合。这里在行动组合中的行动，就是反映每次施机时可选的言语行为。

定义 3.10 策略、策略空间、策略组合　给定一个博弈 G，及一个主体集 Ag，行动空间 $\mathring{A}_i$，那么机锋博弈参与者 $i \in Ag$ 的一个策略（记 s_i）是指：参与者 i 根据对方 $-i \in Ag$ 的行动方案的任一行动来确定自己的对应行动组合。将一个机锋博弈内的所有信息集上的全部策略汇集一起即是参与者 i 的策略空间（记 S_i，$s_i \in S_i$）。相应地，每个参与者实施一个策略，机锋博弈的双方的策略汇成二元组 $s = (s_i, s_{-i})$，即是一个策略组合。

对于禅师的施机策略，我们可以归纳出如下三个特点。第一，很难定义出一个具体的放之四海皆准的施机策略。导致这一结果的原因大致有两点：（1）各位禅师师门不同，风格自然各异；（2）机锋的本质也不允许存在固定的策略模式。第二，不同禅师的施机策略虽因受到所在宗派的接机风格影响各不相同，但各自的施机策略相对稳定。第三，不同禅师的施机策略尽管不尽相同，但由于共同禅宗文化思想的熏染，也有一定共性之处。所以，我们可以给出如上施机策略的形式描述。

二、机锋博弈模型构建

为了建立起完整的机锋博弈模型，我们首先要给出收益函数的形式定义。由于言语行为具有意向内容、语境条件等因素的丰富多样性，至今并没有一个统一的标准模型可以用于刻画言语行为的对话博弈。机锋博弈也属于言语行为的对话博弈，同言语行为一样，其包含的意向内容同样丰富多样。所以，机锋博弈的收益函数也必定具有多样性。为了更好地拟合机锋博弈的实际情况，我们做出如下机锋博弈收益的定义。

定义 3.11 收益函数　给定一个博弈 G，及一个主体集 Ag，关于参与者 $i \in Ag$ 的一个收益函数（记 u_i）是对应于一个策略组合 $s = (s_i, s_{-i})$ 下参与者 i 所获得的确定（期望）效用。u_i 的指称内容规定如下：

（1）$u_i = \{f_卐(x), f_H(x), f_J(x), f_Q(x), f_C(x)\}$

（2）$\begin{cases} 若 i 是学人，一般 u_i = \{f_卐(x), f_H(x)\} \\ 若 i 是禅师，一般 u_i = \{f_卐(x), f_J(x), f_Q(x), f_C(x)\} \end{cases}$

在定义 3.11 中，$f_卐$（x）为悟性层次度的展现，f_H（x）为疑惑的消解效益，f_J（x）是接引他人的效益，f_Q（x）为解惑、启悟学人的效益，f_C（x）为传法的效益。学人与禅师不一定要求各项效益有别，理论上收益函数都可取（1）的情况。在实践中，收益的指称对象不止这些，但为了模型研究的可实现性，我们做出如上简化约定。为了进一步简化问题，我们还约定，每次进行收益函数比较只涉及一个要素的内容。有了上述定义的收益函数，我们就可以直接给出相关机锋的策略博弈模型。

定义 3.12 策略博弈模型　一个机锋博弈的策略模型是一个五元有序对 $G_{Stra} = <Ag, \{m, n, \cdots, n/m\}, (A_i) i \in Ag, (S_i) i \in Ag, (u_i) i \in Ag>$，其中：

（1）$Ag = \{i, -i\}$ 为机锋博弈的参与者集；

（2）$\{m, n, \cdots, n/m\}$ 是有限序贯集，且（m = i）$\Rightarrow$（m ≠ -i）$\wedge$（n = -i）或（m = -i）$\Rightarrow$（m ≠ i）$\wedge$（n = i）；

（3）$A_i = \{a_i^1, a_i^{-1}\}$ 即参与者 i ∈Ag 的行动集；

（4）S_i 是参与者 i ∈Ag 的策略集，$S = S_1 \times \cdots \times S_i \times \cdots \times S_n$ 为策略组合集；

（5）$u_i: S \rightarrow R_{ui}$ 是将每个参与者对应的每个策略组合指派到一个实数的函数，其数值即是相应参与者的收益函数。

原则上，如前文所述，G_{Stra} 的策略变元并非要求有穷。但为了研究机锋博弈的方便，我们将其约定为有限集合。如此可见，G_{Stra} 是一个扩展式的策略博弈模型。根据博弈论，对于一个扩展式策略博弈，其博弈解便是求得相应博弈模型下的均衡结果。

目前，运用动态博弈的扩展式来求解均衡的方法一般有两种：一种是将扩展式转换为策略矩阵式，进行求解均衡。另一种是采用逆向归纳法，求解次博弈精炼纳什均衡。只要机锋博弈的各项指标按照上文所约定，这两种方法都适用于机锋博弈的求解。

定义 3.13 机锋次博弈 给定一个机锋策略博弈 G_{Stra} 为一个带有决策点的信息集 $h_i^j = \{J_i^1, J_i^2, \cdots, J_i^M\} \in H_i = \{h_i^1, h_i^2, \cdots, h_i^K\}$，那么一个关于 G_{Stra} 的次博弈是指满足以下条件的博弈 G_{Stra}^n：

（1）$G_{Stra}^n \subseteq G_{Stra}$；

（2）$h_i^j = J_i^x$，其中 $h_i^j \in H_i$，$J_i^x \in \{J_i^1, J_i^2, \cdots, J_i^M\}$；

（3）G_{Stra}^n 包含 J_i^x 及其后续的所有决策点；

（4）对于 G_{Stra}^n 中任一 h_i^a，若 $a \neq b$，则 h_i^a 与 h_i^b 不能出现相同决策点。

定义 3.14 次博弈均衡 给定一个机锋策略博弈 G_{Stra}，及次博弈集 G_{Stra}^n（$G_{Stra}^j \in G_{Stra}^n$），策略组合 $s^* = (s_i^*, s_{-i}^*)$ 为一个次博弈均衡，是指满足以下条件：

（1）s^* 是 G_{Stra} 的均衡；

（2）s^* 是 $G_{Stra}^j \in G_{Stra}^n$ 的均衡。

定义 3.15 博弈扩展图 给定一个机锋策略博弈 G_{Stra}，G_{Stra} 的一个扩展图是将 G_{Stra} 的信息以"点"与"线"形成的一个有序组合。其中：

（1）点：是"节点"或"结点"。"节点"是决策点（包括初始点、过程点），"结点"是带有向量信息的终点；

（2）线：是相邻次序的不同参与者的决策点之间的连接符。

定义 3.16 博弈矩阵图 给定一个机锋策略博弈 G_{Stra}，其中 $|Ag| = |\{i, -i\}| = 2$，若 $A_i = \{a_i^1, a_i^{-1}\}$、$A_{-i} = \{a_{-i}^1, a_{-i}^{-1}\}$，则 G_{Stra} 的一个矩阵图是一个由 $|A_i| \times |A_{-i}|$ 个格子组合而成的矩阵，矩阵每个元素各自附有对应的行动收益。

矩阵图一般适用于静态博弈，不适用于动态博弈。因为对于动态博弈，一旦超出两个阶段以上的博弈次数，就需要分阶段使用矩阵图。如此就会发现，我们无法使用矩阵图来给出动态博弈的直接求解。所以，需要另谋出路，我们将采用逆向归纳法来解决博弈扩展式的均衡求解问题。

逆向归纳法求解主要思路为：对于多阶段的扩展式博弈，求解其均衡可以与实际行动次序相反的方式。针对完全且完美信息动态博弈而言，其扩展式均衡求解的具体运算程序分为如下两个步骤：

（1）从博弈带有策略向量结点开始，依据相应策略组合下的收益函数的大小比较，选择最大收益函数的一支；

（2）如此一步一步地按博弈顺序相反的方向，找出对应的次博弈纳什均衡，直至博弈的最初始节点。

最后形成的行动链即是博弈取得均衡的路径。均衡路径对应的是行动组合，而行动组合对应的策略组合即是该博弈的均衡解。为了更好地解决机锋博弈的扩展式博弈求解，我们给出一种扩张式转换求解方案。在该方案中我们提供一个构造函数，以便快速将扩展式博弈转换到策略矩阵式。

定义 3.17 转换算法　一个将扩展式博弈转换到矩阵式博弈的转换算法是指遵循以下程序的运算过程：

（1）求得各参与者的信息集 H_i 及行动空间 $A（h_i^K）$；

（2）求得各策略集 $S_i = \{s_{i1}，s_{i2}，\cdots，s_{im}\}$ 与 $S_{-i} = \{s_{-i1}，s_{-i2}，\cdots，s_{-im}\}$，其中，$m = \#s_i = \prod_{h_i^K} \#A（h_i^K）$ 或 $m = \#s_{-i} = \prod_{h_{-i}^K} \#A（h_{-i}^K）$；

（a）$A（h_i^K）= n \geq 2$，即每个信息集至少包含一个决策点，而一个决策点至少包含两个可选行动，

（b）如果 $\#H_i = 1$（只包含一个信息），则每个策略 s_{im} 只包含一个行动 $a_i \in A（h_i^K）$

（c）如果 $\#H_i \geq 2$（包含多个信息），则每个策略 s_{im} 只包含 k 个行动组成的集 $\{a_{i1}，\cdots，a_{ik}\} \in \times A（h_i^K）$，有

$$\#H_i \begin{cases} k = 1，则每个策略 s_{im} 只包含一个行动 a_i \in A（h_i^K） \\ k \geq 2，则每个 s_{im} 包含 k 个行动组成的集 \{a_{i1}，\cdots，a_{ik}\} \in \times A（h_i^K） \end{cases}$$

（3）将参与者的策略一一组合，找出一条从初始点到终结点的路径。如果策略的组合原则为：将参与者的每一策略 s_{ik} 与 s_{-ik} 一一对应组合一起成 $a_{i1} - \cdots - a_{ik} - a_{-i1} - \cdots - a_{-ik}$；那么在各行动串中，有且仅有一条能从初始节点到带有向量（a，b）终结点的路径（$a_i - \cdots - a_{-i}$）；

（4）对应策略组合得出收益组合：以上路径（$a_i - \cdots - a_{-i}$）所指向量即为参与者间每一策略组合 $S =（s_{ik}，s_{-ik}）$ 下的对应收益函数，

即 $u(s_{ik}, s_{-ik})$。

定义 3.18 悟径　给定一个机锋策略博弈 G_{Stra}，如果参与者在博弈的终结点获得开悟，则存在一条从起始点至带有均衡策略终结点的路径，其中所形成的有限序贯行动串（$a_i - \cdots - a_{-i}$），即是参与者的悟径。

有了上述机锋博弈扩展式均衡问题的求解方法，我们就可以运用机锋策略博弈模型，来为具体机锋博弈案例寻找最优博弈策略。这样，我们就可以为学人更好地开展机锋博弈提供一个实用的分析工具。

三、机锋博弈案例分析

禅宗典籍所收录的机锋博弈案例十分丰富，接机策略也各有差异。好在禅师们的施教用意大同小异，所以，我们可以采用"以一斑而窥全豹"的方式，举例来说明我们机锋博弈策略模型的运用。作为一种具有代表性的案例分析，我们选择的机锋博弈案例，应尽可能涉及策略、收益等各要素，并尽可能包含多层次的策略模式。所以，我们选择如下典型的机锋案例来进行机锋博弈模型运用分析。

> 石头问曰："阿那个是汝心？"（大颠和尚）对云："言语者是心。"被师喝出。经日却问："前日既不是心，除此之外，何者是心？"（石头）师云："除却扬眉动目一切之事外，直将心来。"对云："无心可将来。"师云："汝先来有心，何得言无心？无心尽同谤我。"时于言下大悟。即对云："既令某甲除却扬眉动目一切之事，和尚亦须除之。"师云："我除竟。"对云："将示和尚了也。"师云："汝既将示我心如何？"对云："不异和尚。"师云："不关汝事。"对云："本无物。"师云："汝亦无物。"对云："既无物，即真物。"师云："真物不可得，汝心现量意旨如此也，大须护持。"①

根据定义 3.1 可知，一个机锋博弈有多项指标，这些指标差异标示了一个机锋博弈的特征属性。在这个案例中，石头禅师施机的"落迹度、着边度、

---

① 延寿：《宗镜录》，东京大藏出版株式会社 1988 年版，第 944 页。

锋锐度"等各项指标都堪称处于中上水准。如果不是大颠和尚慧根锋利、悟性高，一般凡夫俗子之辈恐怕难以招架住如此机锋。对此，我们建立如下机锋案例的博弈模型：

$$G_{Stra} = \ <Ag, \{m, n, \cdots, n/m\}, (A_i)i \in Ag, (S_i)i \in Ag, (u_i)i \in Ag>$$

对于此机锋案例博弈模型中出现的各个构成要素，我们分别给出如下具体的描述说明：

（A）机锋博弈的参与者集 Ag = $\{t, d\}$，其中：石头 t，大颠 d；

（B）有限序贯集 $\{t, d, t, d, t, d, t, d, t, d, t, d, t, d, t, d, t\}$；

（C）$\{a_t^1, a_t^{-1}\}$ = $A_t \subseteq \mathring{A}_t$，为石头的言语行为集；$\{a_d^1, a_d^{-1}\}$ = $A_d \subseteq \mathring{A}_d$，为大颠的言语行为集；其中两个集合的标记内容见表 3.1；

（D）S_i 是参与者 i $\in$ $\{t, d\}$ 的策略集；

（E）u_i：S→R 是将石头与大颠双方各自对应的每个策略组合，指派到一个实数的函数，其数值即是对应参与者的收益函数。

根据定义 3.15，石头与大颠之间机锋博弈的扩展图如图 3.2 所示。图 3.2 的起始决策点并没有标示"自然"的情况。原因是这个机锋博弈模式与另一些模式不同，是一种勘验审定类的机锋博弈。也就是说，在这个案例中石头开始询问是有意而为，不存在外界不可控因素对其选择询问内容的影响。或者说这种"自然"在石头做出行动选择时，已经内化于其认知偏好之中了。

从扩展图可以发现，整个机锋博弈过程包含许多回合的对抗。其中，石头做出 9 次施机对抗，而大颠做出 8 次施机对抗。因此，整个扩展图由 17 个决策点、17 次行动所组成。这样算来，仅石头的信息空间就有 87371 个，对应了 87371 处决策点（本案例中决策点恰好是信息集）。如此庞大的博弈，使得不可能完全将所有枝节展现在图 3.2 中。图 3.2 中的虚线所标就表示由于空间限制的因素而省略未展示的枝节。

表 3.1　案例中参与者各自行动空间

$A_t \subseteq \mathring{A}_t$	$A_d \subseteq \mathring{A}_d$
$\mathring{A}_t = \{ (a_t^1, a_t^{-1}), (a_t^2, a_t^{-2}), (a_t^3, a_t^{-3}), (a_t^4, a_t^{-4}), (a_t^5, a_t^{-5}),$ $(a_t^6, a_t^{-6}), (a_t^7, a_t^{-7}), (a_t^8, a_t^{-8}), (a_t^9, a_t^{-9}) \}$	
$\mathring{A}_d = \{ (a_d^1, a_d^{-1}), (a_d^2, a_d^{-2}), (a_d^3, a_d^{-3}), (a_d^4, a_d^{-4}), (a_d^5, a_d^{-5}),$ $(a_d^6, a_d^{-6}), (a_d^7, a_d^{-7}), (a_d^8, a_d^{-8}) \}$	
a_t^1："阿那个是汝心？"	a_d^1："言语者是心。"
a_t^2：喝出。	a_d^2：　"前日既不是心，除此之外，何者是心？"
a_t^3："除却扬眉动目一切之事外，直将心来。"	a_d^3："无心可将来。"
a_t^4："汝先来有心，何得言无心？无心尽同谤我。"	a_d^4："既令某甲除却扬眉动目一切之事，和尚亦须除之。"
a_t^5："我除竟。"	a_d^5："将示和尚了也。"
a_t^6："汝既将示我心如何？"	a_d^6："不异和尚。"
a_t^7："不关汝事。"	a_d^7："本无物。"
a_t^8："汝亦无物。"	a_d^8："既无物，即真物。"
a_t^9："真物不可得，汝心现量意旨如此也，大须护持。"	

　　分别计算出石头与大颠之间的信息空间、行动空间、策略空间，将参与者的策略一一组合，找出一条从初始点到终结点的路径。将参与者的每一策略 s_{ik} 与 s_{-ik} 一一对应，组合一起构成 "$a_{t1} - \cdots - a_{tk} - a_{d1} - \cdots - a_{dk}$"，那么在各行动串中，有且仅有一条能从初始节点到终结点的路径，这条路径就是博弈解。

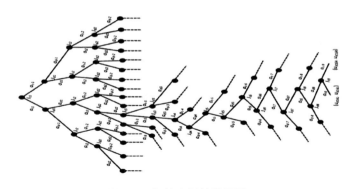

图 3.2 机锋案例的扩展图

然后将石头与大颠各自的最优策略组合一起，就是最终的纳什均衡 $S_{t/d}^* = (s_t^*, s_d^*)$，其中：$s_t^* = (a_t^1, a_t^2, a_t^3, a_t^4, a_t^5, a_t^6, a_t^7, a_t^8, a_t^9)$ 与 $s_d^* = (a_d^1, a_d^2, a_d^3, a_d^4, a_d^5, a_d^6, a_d^7, a_d^8)$。因此，最后的最优对抗悟径是：$a_t^1 \leftarrow a_d^1 \leftarrow a_t^2 \leftarrow a_d^2 \leftarrow a_t^3 \leftarrow a_d^3 \leftarrow a_t^4 \leftarrow a_d^4 \leftarrow a_t^5 \leftarrow a_d^5 \leftarrow a_t^6 \leftarrow a_d^6 \leftarrow a_t^7 \leftarrow a_d^7 \leftarrow a_t^8 \leftarrow a_d^8 \leftarrow a_t^9$。

通过以上关于机锋博弈的策略博弈模型分析，可以发现，机锋博弈的许多博弈要素与一般的博弈有着明显的差异。这个差异恰是机锋博弈为了实现启悟功能而呈现的现象。我们应通过机锋博弈的策略表象，关注认知实体，使得机锋博弈回归到应有的启悟功能之上。

虽然机锋对话具有一般博弈的性质，但作为一种启悟学人的认知工具，我们更应把机锋博弈看作是一种以言行为载体的即时性博弈活动。机锋的核心点在于通过观察对方的言语行为去判断对方的认知状态，并通过认知活动呈现为言语行为，以此进行博弈。在此博弈过程中，涉及心智互动的认知表征：双方共同的知识和信念，和各自私有的知识和信念。应该说，这些认知要素的表征活动奠定了机锋博弈行为的认知基础。

总之，禅宗机锋博弈属于建立在言语行为载体上的一种即时性认知性博弈。其中，博弈策略是机锋博弈中的关键因素，认知状态的沟通则是机锋博弈的目的。只有把握双遣双非的三关四句之法，彻底达到离四句、绝百非，才能够理解禅宗文献中众多机锋问答的个中奥妙所在。若达此境界，读者自己也可以参与到机锋问答之中，甚至利用机锋问答方法去启悟学人。但愿我们这里的研究，能为读者理解和参悟禅宗机锋案例提供新的视角和启发。

第三节　计算仿真实验

我们已经将机锋交际看作是一种策略博弈过程，并构建了对应的策略博弈模型。接下来，我们便要将计算仿真模拟方法应用到机锋博弈模型上，来进一步给出机锋交际博弈规律的计算分析结果①。

一、机锋博弈计算原理

一个博弈模型包括三个方面的要素：行为、策略、收益。行为指的是博弈参与方可以选择做出的行动；策略是指选择自身做出何种行动应对的方法；收益是指根据博弈参与方的行为来决定各方所得效益的量化结果。博弈参与方的策略决定参与方的行为，而参与方的相互行为又决定参与方的收益。机锋博弈是一种动态博弈，对于动态机锋博弈进行建模分析，同样涉及行为、策略以及收益三个基本要素。

行为定义是博弈模型中最为关键的部分，也是用于区分不同博弈模型的关键要素。行为描述的是博弈参与者的言行，这也是博弈双方互相对抗最为直观的体现。在机锋博弈过程的计算仿真研究中，如何进行机锋行为的计算化描述是第一个关键问题。

最为常见的行为就是言语和行动。无论言语还是行动，都是思维的一种表现形式，都受当前思维模式所主导。因此，尽管机锋交际表现形式差别很大，行为标准也很难划分，我们还是可以从中抽取出共性的思维运作模式。有了思维运作模式作为划分行为的标准，我们就可以给出符合机锋特点的行为划分。根据《禅悟的实证》第五章的研究成果②，我们可以将机锋交际过程可能出现的思维模式划分为如下三类。

第一类思维模式，我们称其为有执二元思维模式（简记为 T1）。一般常

---

① 杨一鸣：《机锋博弈的计算模拟》，硕士学位论文，厦门大学，2016 年。
② 周昌乐：《禅悟的实证：禅宗思想的科学发凡》，东方出版社 2006 年版，第 70 - 92 页。

人在清醒状态下会遵守二元对立的常规逻辑规律，即遵守矛盾律、同一律和排中律。这种思维模式具有若干特点，比如概念明确、无矛盾性、非此即彼等等。也就是说，在第一类思维过程中，概念保持确定、不能任意改变，并且不允许肯定相互矛盾的关系。这种思维模式属于常规思维，是人们日常生活最为常用的思维模式。

第二类思维模式，我们称其为有执不二思维模式（简记为T2）。传统的二元对立思维方式并不适用于解释万物存在性等终极实在问题。禅宗肯定的不二法门，强调的正是万物之间的平等无差别性，其否定了二元对立的思维模式。第二类思维对矛盾律、排中律进行了否定，并且一定程度上强化了绝对同一律。当然这种思维模式依然存在对终极实在的执着，在拒斥二元对立思维上还不够彻底。

第三类思维模式，我们称其为无执超元思维模式（简记为T3）。无执超元思维在更高深层次上否定了终极实在存在性问题。这种思维方式认为，对一切关于终极实在或者现象的讨论都没有意义。这种思维模式正是运用否定之否定的方式，来说明描述终极实在或者现象的各种概念都是虚妄不实的。无执超元思维可能达成一种不可思量与不可言说的禅悟境界。第三类思维否定了第二类思维的执着，并拒斥一切概念分别。

根据上述三类思维模式的阐述分析，不难发现，它们之间恰好构成逐层递进的否定关系。但从实际情况来看，即使博弈参与者能够运用第三类思维模式，也并不代表其一定达到了禅悟境界。相反，如果博弈参与者执着于第三类思维模式，相当于其陷入高一层次的第一类思维模式。只有能够超越全部三类思维模型，才是无执超元思维境界的真正体现。所以，作为更加全面的考虑，我们在构建博弈模型中需要保留全部三类思维模式。通过这三类思维模式的应机施用，可以形成机锋博弈的启悟机制。真正达到禅悟境界，博弈参与者就不再局限于任何一类思维模式，而是可以通达无碍地灵活使用各类思维模式。

综上所述，我们依据超元思维的层次跳跃思想，将思维模式分为三类，并以此来描述机锋博弈中的行为。在机锋博弈模型的一轮对话中，博弈参与者能够选择的行为可以是这三类思维模式之一。

在博弈论中，策略指的是一整套行为方案，其决定了在不同情况下应采取何种行为。也就是说，策略是行为的直接决定因素，体现参与者所持有的博弈思路。虽然策略在某些模型中并没有行为定义来得那么直接，但其在博弈模型中的主导地位不容置疑。如何定义策略也是博弈模型构建中非常关键的一个问题。

在动态机锋博弈过程中，当前方依据对方的行为来做出自身的行为。或者说，当前方的行为选择根据如何应对上一轮对方行为的博弈策略来决定。这说明机锋博弈双方所采取的行为主要依据的是各自的博弈策略，即博弈参与者如何很好地应对对方所做出的行为。

基于上述策略的分析说明，我们可以使用概率矩阵的方式来给出策略描述的形式定义。由于我们将行为分为三类思维模式，所以，概率矩阵是 3×3 方阵。矩阵的每个元素代表在上一话轮对方做出某个行为的情况下，当前方（我方）做出某个行为的概率。概率矩阵如表 3.2 所示，表中 A_{ij} 表示对方使用第 i 类思维模式时，我方使用第 j 类思维模式的概率。

表 3.2　描述策略的概率矩阵定义

策略矩阵 A	我方 T1 策略	我方 T2 策略	我方 T3 策略
对方 T1 策略	A11	A12	A13
对方 T2 策略	A21	A22	A23
对方 T3 策略	A31	A32	A33

此外，我们人为规定第一轮对话，也就是博弈参与者发起交际意图的那一轮对话，其行为固定为第一类思维模式。这样，我们就有了一个非常直观以及准确的策略描述方法。不仅如此，量化的策略描述也使得我们可以更方便地对其进行计算模拟。不过需要注意，用概率矩阵定义策略无法解释机锋博弈所达成禅境的性质。所以，在后面的仿真模拟过程中，我们会提出隐含式策略的模拟方法来弥补这个缺陷。通过隐含式策略行为的表现，可以间接体现机锋博弈所达成禅境的性质。

有了对行为和策略进行刻画之后，我们还要给出收益计算的方法。收益的计算不仅是机锋博弈模型的核心问题，也是确定博弈模拟计算规则的核心问题。在机锋博弈过程中，双方所获得收益的多少，是判断博弈参与者当前处于优势或者劣势的一个重要标准。因此，收益计算方法定义的不同，会直接影响博弈模型的贴切度以及计算模拟的效果。

　　首先我们要确定收益计算的原则。在机锋博弈的过程中，双方轮流做出自己的行为，并不断交换自己作为提问方或者应答方的角色。我们规定：（1）第一轮对话不计算收益；（2）当前方每一轮对话的收益，根据当前方所应对上一轮对话中对方行为的情况来计算。

　　其次我们需要确定收益计算的数值定义。在机锋博弈过程中，当前方处于优势或者劣势，主要取决于是否陷入了对方的思维模式中。也就是说，在某轮对话中，如果当前方使用了对方上一轮对话的思维模式，则其收益低；反之则收益高。我们将此规定作为决定收益的重要依据之一。

　　我们使用以上所阐述的方法来定义收益计算方式，如表 3.3 所示。需要注意的是，博弈参与者某轮对话的收益高低并非是其处于优势或者劣势的唯一判决条件，也不是胜负的唯一标准。有关收益高低的具体计算将在后续实验部分再作补充。

表 3.3　收益矩阵定义

当前方收益值	我方此轮 T1 策略	我方此轮 T2 策略	我方此轮 T3 策略
对方上轮 T1 策略	P11	P12	P13
对方上轮 T2 策略	P21	P22	P23
对方上轮 T3 策略	P31	P32	P33

　　有了上述行为、策略和收益的计算方法及其说明，就可以构建机锋博弈模型并进行计算仿真模拟。我们采用二维元胞自动机来进行机锋博弈的计算模拟。元胞自动机模型二维空间分布使用四边形网格模式，并按照摩尔型邻居方式进行排列。具体采用的计算模拟的行为演化方法分为竞争式和隐含式两种，如下我们分别作详细介绍。

二、竞争式的行为演化

　　元胞自动机计算模拟的一种常规方法就是动态博弈的竞争式演化方法。

在互相竞争博弈过程中，这种方法主要考察不同策略优胜劣汰的演变规律。在第一章第三节有关囚徒困境的计算模拟介绍中，采用的就是这种方法。针对机锋博弈模型的竞争式演化，我们做了一些改造，并主要以如下方式进行实验。

（1）定义三种策略，具体对应到概率矩阵三组赋值。随机将三种策略赋值给所有的元胞，形成元胞自动机的初始状态。

（2）每一次迭代过程中，分别计算每个元胞与其相邻元胞5轮对话博弈的收益总和。选择每个元胞相邻元胞（包括自身元胞）中收益总和最大的元胞的策略，作为每个元胞下一轮迭代使用的策略。

（3）重复步骤（2），记录元胞自动机随着时间不断演化的过程。

根据上述竞争式演化基本方法的描述，我们进行具体实验。我们使用四边形排列的二维元胞自动机来进行实验，定义元胞个数为 128×128 个。策略矩阵的三种策略数值，将根据不同境界的博弈参与者行为特点来设置。

（1）在实际机锋交际中，较低境界的博弈参与者思维有可能会局限在常规逻辑中，即大部分情况会使用第一类思维模式，很少使用第二、三类思维模式。我们将这种策略概率矩阵 A 数值化为：［（0.6，0.2，0.2），（0.6，0.2，0.2），（0.6，0.2，0.2）］。

（2）在实际机锋交际中，稍高境界的博弈参与者能够摆脱常规思维并试图去摒弃概念分别，但却容易陷入自己或者对方的认知结构中无法自拔。此时博弈参与者会以很低的概率选择第一类思维模式，更常选择第二类甚至第三类思维模式，但却有相对较高概率选择上一轮对方的思维模式。我们将这种策略概率矩阵 A 数值化为：［（0.2，0.4，0.4），（0.1，0.5，0.4），（0.1，0.4，0.5）］。

（3）在实际机锋交际中，更高境界的博弈参与者能够随心所欲、通达无碍地使用任何一类思维模式，而且也不会局限于任何一类思维模式。我们将这种策略概率矩阵 A 数值化为：［（1/3，1/3，1/3），（1/3，1/3，1/3），（1/3，1/3，1/3）］。

最后我们需要规定收益矩阵具体的数值设置。一方面，收益数值的设置依据应能够很好地反映机锋博弈的特点；另一方面，不同的收益数值设置会直接影响计算仿真模拟的效果。如果既要反映机锋博弈的特点，又要满足反映机锋博弈优劣的评判标准，那么收益矩阵的数值设置必须满足以下三点要求。

（1）需要体现行为的层次性，符合层次跳跃优越性的思想。即选择更高层次的行为相对会得到更高收益。

（2）在实际机锋博弈中，如果当前行为方陷入了对方的思维模式中，则当前行为方处于劣势。即如果当前行为方选择了上一轮对方的行为，收益应该较低。

（3）体现双遣双非原则，即低层次的行为并非在所有情况下都劣于高层次行为。所以如果博弈参与者选择同样的高层次行为去应对对方的高层次行为，收到的惩罚会更高，体现为更低的收益。

表 3.4　收益矩阵定义

当前方收益值	我方此轮 T1 策略	我方此轮 T2 策略	我方此轮 T3 策略
对方上轮 T1 策略	− 1	2	2
对方上轮 T2 策略	1	− 2	2
对方上轮 T3 策略	1	1	− 3

根据上述要求，表 3.4 给出收益矩阵的全部数值设置。另外我们规定，任何参与者的第一轮对话都选择第一类思维模式。根据上述所有设置的参数配置，我们进行不同策略的竞争式演化实验。对于实验演化过程，我们主要关心不同状态的元胞分布情况，体现了不同策略优胜劣汰的过程。实验结果截图如图 3.3 所示（小图顺序从左到右，从上到下）。

图 3.3 记录了实验过程中元胞自动机的格局变化。图中我们分别用黑、灰、白三种颜色来区分描述元胞的 T1、T2 和 T3 三种状态。结果发现，元胞自动机演化大概分为以下六个步骤。

（1）起始状态的元胞随机分布。

（2）经过初步演化后，元胞的状态有聚集的现象，并且三种状态的元胞在整体格局上平均分布。此时意味着三种策略正处于势均力敌的状态。

（3）进一步演化后，黑色元胞数目逐渐减少。这意味着其所代表的 T1 策略明显处于劣势。

（4）又经过了一段时间的演化，黑色元胞几近消失。这意味着其所代表的 T1 策略基本被淘汰。

（5）然后，灰色的元胞也在不断地减少，意味着 T2 策略不断被 T3 策略所压制。

（6）最后，灰色元胞也基本消失，整个局面被白色元胞所占据。这意味着最后一种策略 T3 在优胜劣汰过程中存活了下来。

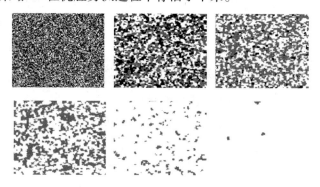

图 3.3　竞争式演化实验结果

总之，我们使用元胞自动机对机锋博弈模型进行了竞争式演化的计算模拟实验。经过实验结果分析我们不难发现，在给出的收益矩阵以及三种不同策略的情况下，不同境界的三种策略竞争结果符合我们的预期。有效的计算实验结果也表明：只要明确给定机锋博弈策略模型，就可以直观地呈现不同策略选择的优胜劣汰过程。

三、隐含式的行为演化

在上述竞争式演化的计算模拟中，可选的策略不是被淘汰，就是被留存。这种非此即彼的结局，难以刻画复杂多变的机锋博弈策略。特别是其中人为规定的策略教条，难以体现博弈参与者灵活多变的博弈策略。为了弥补这样的不足，我们提出另外一种全新的、更为复杂的计算模拟方法，称之为隐含式策略的行为演化。

在隐含式策略行为演化方案中，不再将博弈策略具体化，而是关注策略演化过程中所表现出来的行为模式。然后从这样的行为模式中，分析其所蕴含的策略思想。隐含式策略计算模拟方法的流程可以概括为以下三个步骤。

（1）我们定义元胞的状态为行为，元胞自动机初始状态选择随机分布。

（2）按照某种收益计算方法，计算当前元胞与所有相邻元胞进行机锋博弈的收益。根据计算得到的收益值，来决定当前元胞下一次迭代的状态。轮流对每个元胞不断重复执行这一步骤。

（3）记录每个元胞全部迭代过程的收益总和，并记录每个元胞的行为序列。然后研究获得不同收益总和的元胞行为模式，找出其隐含在背后的不同含义。

我们同样将元胞自动机演化依据概括为两条规则。第一，根据当前元胞状态及其所有相邻元胞的状态，按照某种收益计算方法来计算当前元胞的总收益值。第二，根据当前元胞及其所有相邻元胞的收益情况，选择收益最大那个元胞的状态作为当前元胞下一次迭代的状态。

显然要采用这样的计算模拟方法来模拟演化，关键在于收益计算方法的确定。我们仍然采用收益矩阵来计算收益，将当前元胞当作应对方、其所有相邻元胞当作发问方，来计算当前元胞的收益值。

与竞争式演化方法不同，新的计算模拟方法需要将机锋博弈过程与元胞自动机迭代过程区分开来。现在元胞不再代表某个博弈主体，元胞状态的改变规则也不再是根据直接对抗过程来确定。同样，每次迭代也并不是直接对应着机锋博弈的话轮。在元胞自动机演化过程中，我们关注的对象变成了机锋博弈的策略思想以及收益计算方法。对于元胞自动机演化而言，关键的核心就在于驱动状态改变的规则。结果发现，不同的驱动规则会衍生出各种各样有趣的现象。

在具体计算实验中，我们沿用竞争式演化实验中元胞自动机属性设置以及收益矩阵设置。不同的是，为了增加博弈模型演化的复杂度，我们引入一种"突变"的机制。即在每一次迭代之后，所有元胞将以一定概率（我们称之为突变概率，并作为一个实验参数）将自身状态变更为一个随机状态。此时需要注意的是，我们的行为序列记录结果保存的是突变前所有元胞的状态。

另外，我们引入了行为信息熵用于衡量给定元胞行为序列的无序程度。即针对某一元胞的行为序列，其行为信息熵值的计算公式为：$Entropy = -(p1 \times \log_e(p1) + p2 \times \log_e(p2) + p3 \times \log_e(p3))$，其中 $p1$，$p2$，$p3$ 分别代表三种行为在行为序列中出现的频率。

隐含式策略行为演化的实验更为复杂。因为不仅要求记录所有迭代过程每个元胞的总收益，而且要求记录每个元胞的行为序列，以供分析实验结果使用。为了尽量利用已有竞争式演化实验的成果，尽量避免实验的复杂性，我们仍然沿用竞争式演化实验的收益矩阵定义，并且用黑、灰、白三种颜色来区分描述元胞的 T1、T2 和 T3 三种状态。

必须注意，与竞争式演化实验不同，现在元胞的状态代表的是行为。更重要的是，对于隐含式策略行为演化实验，我们着重关注如下两方面的分析结果。第一，要探究演化过程中元胞自动机的整体格局变化。第二，要根据记录的所有元胞每一轮演化的收益以及行为，找到复杂演化过程背后隐藏的深意。

我们让元胞自动机进行一定次数（当前实验演化次数取值 100 次，进行多次实验可改变此参数）的演化，并随机抽取其中一部分元胞自动机的格局，如图 3.4 所示。从图 3.4（以及未呈现的元胞自动机格局）中，我们可以发现：每个时刻都存在黑、灰、白三种状态的元胞，并且都能够处于均势。我们还发现：整个演化过程不会收敛且无规律可循，即我们无法找到一个模式来描述这种变化过程。这说明在当前实验条件下，我们的实验结果已经有了比较高的混沌复杂度。

图 3.4　隐含式策略部分演化格局

进一步，为了找到复杂演化过程背后的规律，我们尝试性地进行如下三个步骤的实验分析要素的计算：

（1）将每个元胞在演化过程中的总收益记录下来，计算出所有元胞总收益之和的平均值；

（2）根据所有元胞总收益的平均值，将元胞分为两部分：总收益大于平均值的元胞集合，以及总收益小于等于平均值的元胞集合；

（3）分别针对两个元胞集合，计算每一元胞行为序列的熵值之和，然后再给出全部元胞熵值之和的平均值。

在一定范围内任意选择实验参数（突变概率以及演化次数）的情况下，我们重复进行了多次实验。结果发现了一个有趣的现象，即总收益之和的平均值与熵值之和的平均值具有正相关性。也就是说，总收益之和的平均值更高的元胞集合，其行为序列的熵值之和的平均值也更高。

表3.5　熵值之和的平均值比较表

突变概率	0.9	0.9	0.9	0.8	0.8	0.8	0.7	0.7	0.7
迭代次数	50	100	200	50	100	200	50	100	200
较大平均收益熵值	1.0773	1.0871	1.0911	1.0767	1.0840	1.0869	1.0699	1.0775	1.0794
较小平均收益熵值	1.0726	1.0829	1.0881	1.0709	1.0795	1.0832	1.0652	1.0722	1.0760

表3.5和图3.5分别是我们进行九次实验（突变概率和迭代次数参数不同）的实验结果。表3.5给出的是元胞集合行为序列熵值之和的平均值比较。图3.5给出的是不同行为序列熵值之和平均值下元胞集合总收益之和平均值的变化曲线。在图3.5中，横坐标为实验序号，纵坐标为熵值之和的平均值。上方曲线代表总收益之和的平均值较大的元胞集合，下方曲线代表总收益之和的平均值较小的元胞集合。

如何解释我们所得到的实验结果呢？我们认为，整体格局演化的无规律性，收益总和与行为序列熵值之和的正相关性，都说明无拘无束地运用策略

（任运自在），才是禅悟境界的最高体现。这样的结论，显然这也符合"悟无所得"的禅宗精神。

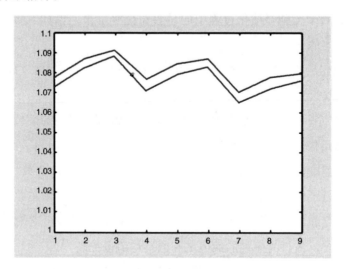

图 3.5　熵值之和的平均值比较图

　　综上所述，通过对禅宗机锋博弈策略、行为、收益要素的分析归纳，我们构建了一个禅宗机锋博弈模型。在此基础上，我们对该机锋博弈模型进行计算仿真模拟。首先运用元胞自动机竞争式演化方法，观察到不同行为策略的优胜劣汰过程。然后又利用隐含式策略行为演化方法，发现了博弈行为变化更为复杂的内涵。显然我们的研究为禅宗机锋研究提供了一种新途径。

第四章　启悟逻辑

　　第一章第一节已谈及，禅师运用机锋博弈施教的目的主要是为了启悟学人。为了探究启悟过程的内在规律，需要对机锋启悟进行严格的逻辑分析。在本章中，我们将利用认知逻辑系统的构建原则①，通过给出机锋启悟认知逻辑刻画来分析启悟过程的内在规律②。本章分为三节。第一节"机锋启悟过程"，对启悟过程涉及到的作用要点、禅法途径和释疑机制进行分析说明。第二节"认知状态刻画"，对无明、妄念、明了三种认知状态进行逻辑刻画。第三节"启悟公理系统"，则对机锋启悟的模型构建、逻辑刻画和认知机制进行系统阐述。

第一节　机锋启悟过程

　　为了构建禅宗启悟逻辑系统，我们首先需要了解机锋启悟过程及其性质。虽然机锋启悟过程因人而异，不同宗风背景的禅师，启悟方式和措施也不尽相同，但仍有共性可循。本节就对机锋启悟过程的共性问题进行分析：首先说明机锋启悟的作用要点，然后阐述机锋启悟的禅法途径，最后揭示机锋启悟的释疑机制。

---

　　① 周昌乐：《认知逻辑导论》，清华大学出版社 2001 年版。
　　② 高金胜：《禅宗机锋博弈的认知逻辑基础研究》，博士学位论文，厦门大学，2017年。

一、机锋启悟作用

机锋启发常给人不寻常、反常识、匪夷所思等印象。机锋的匪夷所思隐藏的是其接引学人的目的，就是要让学人陷入思维的疑惑状态，引起学人自我反思，并通过对自我反思的突破来达成禅悟境界。因此，在机锋博弈中，在学人达成禅悟之前，禅师会刻意让学人的思维陷入一片茫茫的迷境。

只有思维陷入迷境，学人才会思索思维迷境的突破口。在这种情况下，禅师一般拒绝给学人直接的答案，最多给学人一点暗示。禅师是否给学人暗示、给出何等程度的暗示，完全取决于机锋语境、学人慧根、参悟程度等因素。总之，学人思维陷入疑惑是一个必经的阶段。学人在禅师施机后为疑念所困，为断却疑念而苦苦求索。在这过程中禅师继续对其施机，以引导其由"迷"转"悟"，最后到达豁然冰释的效果。

在启悟过程中，禅师对学人的心智状态和思维模式施加干扰；学人由迷到悟的过程，会经历从无明到明了的认知状态变化。禅师启悟学人的过程，通过机锋博弈来起作用。大致说来，机锋博弈在禅修启悟实践中具有如下三方面的作用要点。

（1）去除浮尘以获禅心。学人迷惑于六尘之中，不明六根之中皆为虚妄不实，任由万事眼前随转而心生烦恼，所谓六根不净。各种知识见解横生，各种妄念牢牢占据心中，难以体悟禅心。机锋博弈的凌厉语风最能吹散众人心中之浮尘，促使学人心性复原归真，不再迷失于虚妄。因此，禅师们以机锋博弈为解救学人的手段，企盼学人在机锋中去除浮尘，获得禅心。

（2）交流彼此禅悟认识。机锋博弈的运用并非只限于禅师与学人之间，也可以运用于禅师与禅师之间。禅师之间运用机锋，为的是彼此切磋交流那不可明晰直言的禅悟认识。虽说禅师都是明了禅心的开悟者，但人有慧根利钝之别，禅师各自的禅悟见地也有高低差异。通过机锋博弈交流的契机，禅师们可以各自施展智慧之机，交流彼此的禅悟认识。

（3）勘验学人禅悟境界。学人是否明心见性，需要经过禅师勘验方可"印证"。历代禅师都有自己独特的勘验方法，而机锋博弈的勘验方式最为常见。机锋博弈可以在不经意间暴露学人的禅悟见地，禅师从而得以获知其禅悟境界的高低。机锋博弈的勘验效果，并非只限于勘验本身。通常施行勘验的那一刻，也是启悟学人的关键契机，即勘验存在启悟的附带功效。从历代禅师的勘验案例来看，机锋勘验的重点不在学人应机的答案，而在于应机答案的背后所折射出学人对禅悟境界体悟的见地高下。

一切众生皆有善根，皆可明了本有心性。普通民众之所以难以明了，只因在世俗生活中引蔽习染，遮蔽了心性，使心性变得无明。即便如此，依然具有重新开启明了心性的可能。只要学人坚持修持、规避种种歧途，通过禅师机锋启悟，因疑念转入悟境，就有明了心性的一天。此即为禅师开展机锋启悟的基础与出发点。

二、机锋启悟途径

禅法启悟有渐悟和顿悟之说。何为渐悟？"言渐入者，即向退菩提心声闻，始时住小，终能入大，大从小乘，谓之为渐。"[1] 禅修者以渐悟作为修持方法，需要进行长期有序的严格参修，才有可能得到最终证悟。在此过程中，渐修者不可以存有半点投机或偷懒心理，必须持之以恒地屏除一切尘世纷扰，时时反观内心、自我省察，不可有丝毫懈怠。

渐悟途径，比较注重连续性细微变化的进步，所以，经常采用循序渐进的方式手段。渐悟方法之所以合理，是因为其符合普通人修行的一般规律。首先，渐悟体现事物从量变到质变的规律。对于禅修者而言，能否在一刹那间获得禅境的体验，不能依靠对"顿悟"不劳而获的无益等待。事实上，刹那顿悟心性不可能不劳而获，而是禅修者通过长期不断的渐悟积累，引发其认知心理品质发生突变的结果。其次，渐悟符合认知变化规律。虽然禅宗教义承认众生皆有佛性，但俗世生活的引蔽习染，会使众生形成层层认知障碍。唯有通过逆向逐层去除这些认知障碍，方能洗心革面，逐渐明心见性。

那什么又是顿悟呢？"言顿悟者，久习大乘相应善根，今始见佛即能入

---

[1]　慧远：《胜鬘经义记》，载河村照孝《卍新续藏》第 19 册，东京株式会社国书刊行会 1975 – 1989 年版，第 862 页。

大，大不由小，谓之为顿。"① 在《顿悟入道要门论》中慧海禅师对顿悟的解答是："顿者，顿除妄念；悟者，悟无所得。"② 惠能开创的南宗禅法主张顿悟，否认渐悟的可能性。在他们看来，禅悟唯有顿悟一说，禅修者通过某种机缘激发其心而恍然大悟。至于学人能否实现顿悟，不仅在于自身慧根优劣，也在于禅师施教契机是否高明。在顿悟观看来，未能开悟的所谓渐修，都不是真正意义上的禅修，所以，压根儿就不存在所谓渐悟。

除却顿悟，无以切入禅境。宋代高僧永明延寿禅师指出："以顿悟一心，无法可思量故，是以十方诸佛，证心成道，故称如理。若了自心，能顺佛旨，即是供养一切如来。若不依此如理悟心，则随事施为，心外见佛，设经多劫，皆不成真实供养。"③ 顿悟观在禅宗历史上的盛行，顿悟教法为大众所接受，很大程度上就是因为顿悟观自身也有相当的合理性。

首先，禅悟与否是两种不同的认知状态。即便是接近禅悟的渐修，只要尚未开悟，那么与开悟的认知状态还是绝然不同。这样一来，禅悟也就只有顿悟一途而并没有渐悟之说。其次，禅宗的顿悟观淡化了传统禅法烦琐的修习仪式，强调直指人心，便于推广普及。相比以往的禅法，禅宗的顿悟教学方式的确是一种革新。最后，顿悟观为禅宗实践奠定了理论依据，有利于禅师们通过机锋启悟学人。因此，为了促成学人明了心性，禅师们的施教重点就是扫清禅修者的认知障碍，制造启发顿悟的契机。

当然，更加全面正确地看待禅悟途径，应该是渐悟与顿悟相辅相成。人有利钝之别，禅悟修习也应当因材施教，才能取得更好的启悟效果。正如唐代弘辩禅师所言："善知识，随慧根而说法。为上根者，开最上乘，顿悟至理。中下者，未能顿悟，是以佛为韦提希，权开十六观门，令念佛生于极

---

① 慧远：《胜鬘经义记》，载河村照孝《卍新续藏》第 19 册，东京株式会社国书刊行会 1975－1989 年版，第 862 页。

② 慧海：《顿悟入道要门论》，载蓝吉富《禅宗全书》第 39 册，台北文殊出版社 1988 年版，第 147 页。

③ 延寿：《宗镜录》，东京大藏出版株式会社 1988 年版，第 541 页。

乐。"① 这种观点对顿悟与渐悟持中立态度，指出两者皆能成立。实际上禅修也确实存在渐进性，顿悟往往也是长期渐修、瓜熟蒂落的结果。

因此，渐悟与顿悟，两者不是一种平衡关系，更不是一种对立关系，而是一种包含关系。可以说渐悟本质上包含了顿悟，而顿悟只是渐悟的一个最终节点。渐悟与顿悟的区别更多是体现在时间轴上的区别。因此，我们可以将禅悟过程分为"渐修"与"顿悟"两个阶段，如图 4.1 所示。渐修是时间轴的先前"一段"，而顿悟是时间轴的最后"一点"。

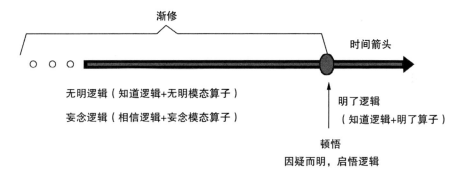

图 4.1　禅悟过程的时间节点

可以说，对于机锋博弈的禅悟而言，顿悟观与渐悟观的本质上是一样的。渐悟与顿悟的差异只在于对"禅悟"理解的差异，表现在图 4.1 所示分割点的不同。渐悟观认为，禅修时间是可长可短的一段时程，认知效果则可以是已悟也可以是未悟的状态。与此相反，顿悟观认为禅修时间必须是"刹那间"的一个节点，而认知效果必须是禅悟的状态。

总之，学人在顿悟之前所开展的全部参禅修行功夫，都是渐悟的积累。顿悟的指向在时间上必须是"刹那间"的极小时间点，而在效果上必须是"明了"的状态。如果考虑启悟过程中经历的不同认知状态，那么通过长期渐修，如图 4.1 所示，必须除尽"无明"和"妄念"，然后"因疑而明"，唯有到了"明了"之刻才是"顿悟"之时。

① 超永：《五灯全书》，载蓝吉富《禅宗全书》第 25－27 册，台北文殊出版社 1988 年版，第 158 页。

三、机锋释疑机制

在图 4.1 中，"因疑而明"指的是从疑念状态到明了状态的转变过程。促使这种状态转变的动因，就是所谓的启悟释疑机制。在机锋博弈过程中，经由某个契机的作用，学人由开始的迷妄或虚妄状态（迷妄与虚妄分别对应"无明"与"妄念"），陷入疑念状态。如图 4.2 所示，凸出的部分 A 是机锋所挑起的认知矛盾，这便是疑念状态，也是机锋博弈过程中的"契机"。

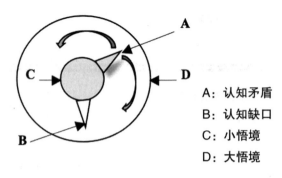

A: 认知矛盾
B: 认知缺口
C: 小悟境
D: 大悟境

图 4.2 思维陷入疑念状态

在机锋启发作用下，学人由疑念状态转向两种可能的结局：一种是"不悟"的结局，即在机锋博弈下启悟失败，此时学人依然处于图 4.2 所示的认知困境之中。另一种就是"顿悟"结局，即在机锋博弈下启悟成功，如图 4.3 所示。图 4.3 左边是学人顿悟那一刹那的效果图。此时，学人在思维的困境中突然寻得"契机"的吻合"缺口"（这个缺口是启悟前学人主体的认知错误，即妄念或错误知解），结果便是图 4.3 右边学人顿悟后的认知状态（需要明确的是，图左到图右的转变是瞬间完成的）。

那么什么是疑念呢？作为具有理性能力的认知主体，疑念是其对未解真相或未定是非加以理智寻找的认知状态。疑念可以分为日常之"常疑"与参悟之"禅疑"两类。当然，"禅疑"建立在"常疑"之上，往往包含有"常疑"的成分。因此"常疑"与"禅疑"两者往往很难绝然分割开来。不过有一点是明确的，"禅疑"是禅悟的必经之道。禅宗向来有这样的说法："小疑小悟，大疑大悟，不疑不悟。"机锋博弈中的"疑念"，是指接机者因机锋内容而引发的一种认知状态。在这种认知状态下，认知主体因己无知，有疑未决，反复思索寻觅，寻而不得，无法释怀。

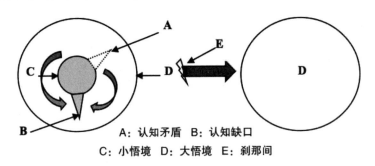

A：认知矛盾　B：认知缺口
C：小悟境　D：大悟境　E：刹那间

图 4.3　启悟释疑机制

当思维主体不以默认的思维规律来运作，那么事物的属性就不再是认知主体背景知识中的属性。当事物的关系不再是认知主体已有知识库中的关系，那么认知主体就会面对事物及其属性的错位。于是，思维主体或形成有悖常识的事物混乱关系，或导致自己思维的混乱状态。此时，处在思维混乱中的认知主体会本能地进行自我解救，以寻找思维混乱的出路。也就是说，处于疑惑之中的认知主体，本能地会去寻求理顺思维或纠正思维的解决途径。这种寻求解决途径的思维方式是认知主体的一种思索努力。

因此，疑念不是一般的疑惑，而是在疑惑中带有思索倾向的疑惑。在禅师给出足以截断学人思维的机锋启发之下，学人自然就会产生疑念。如果只是日常之常疑，则疑念的产生仅仅是对自身认知迷茫与思维混乱的自然反应；但如果是禅修之禅疑，则疑念的产生是寻觅开启智慧的密钥。

一旦产生禅疑，学人将会形成一种内化于自然生理却又引领主观突破思维困境的动力。所以疑念对于禅悟而言，是一种引发顿悟作用的标识。说到底，禅悟是一种自心的了悟，非陷于内心急切想解脱的疑虑困境，学人无法超越自身认知思维的局限。从这个意义上讲，在机锋博弈的启悟过程中，疑念处于核心关键位置。

禅师与学人之间的机锋博弈，往往使学人陷入思维困境，继而产生疑念。然而疑念能否体现出禅疑这一真正意义上的疑念，或者说能否达到机锋博弈启悟效果所需要的疑念，还得看学人自身将疑念的作用点置于何处。应该说，努力禅修的学人都明白需要对机锋博弈生发疑念。但是在疑念生发求解思维困境之际，学人却往往会堕入歧途，无法真正突破，达到禅悟之效。深究其原因，是因为学人过度着意疑念而犯了思维"着相"之病。

"疑"与"悟"之间的机理可以在思维上找到内在的关联。只有学人在经过苦思冥想仍然不明了的状况下，禅师施以机锋给予启发才有可能起作用，所谓"不愤不启，不悱不发"。在这其中，苦思冥想就是一种欲罢不能的深度疑惑。学人不经这番思维的深度疑惑，难得悟境。因此，机锋之疑不可少，疑情一破则千疑万疑一时了，顿入悟境。

第二节　认知状态刻画

在认知逻辑公理系统的构建中，认知状态的刻画是非常重要的一个环节。机锋博弈往往是两个认知主体之间的博弈，这种博弈多体现为禅师与学人之间的交锋。在交锋过程中，认知主体的认知状态包含了众多层次。若将机锋博弈的所有认知状态，以及禅师与学人各自的认知状态都完全刻画，既不现实也不科学。我们认为，启悟过程中学人的认知状态是重点。因此，我们在认知逻辑基本范式的基础上，首先进行学人认知状态的逻辑刻画。

在机锋认知博弈过程中，学人作为认知主体，既有从"无明"通向开悟的，也有从"无明"通向不悟的，甚至有的会停留在开悟前某个认知阶段，或在某些阶段间循环。我们将研究范围限定在学人有效获得开悟的认知转化历程之中。在这个转化历程中，学人通常会经历"无明""妄念""执念""盲念""明了"等多个不同阶段的认知状态。考虑到"执念"和"盲念"也可以看作是"妄念"的特例，我们这里只就其中"无明""妄念""明了"这三个比较典型的认知状态进行逻辑描述。其他关于"执念""盲念"的逻辑描述，请参见高金胜的博士学位论文[①]。

---

① 高金胜：《禅宗机锋博弈的认知逻辑基础研究》，博士学位论文，厦门大学，2017年。

一、无明逻辑刻画

由于受到社会不良行为、思想和习气的影响，学人在未悟之前常常处于无明状态。机锋博弈施教的目的正是要解决认知主体的无明问题。应该说，禅师的机锋启悟方法，就是要摒除学人认知中的无明状态，使得学人能够冲破种种罗网来获取智慧，达成明了状态。所以，无明既是机锋博弈之出发点，也是机锋博弈之作用点。

"无知"与"无明"具有相同性质，所谓"无明者为无知"。这里的"知"并非日常所言的"知"，而是指符合万物实相的真知。在机锋认知博弈中，学人初始的"无明"认知状态与"无知"认知状态存在紧密的相互关联。因此，对"无明"状态的逻辑刻画，可以借助于刻画"知不知"的知道逻辑来进行。据此，我们将对无明的认知状态进行形式刻画，来探究其存在哪些直观上未发现的认知性质。

定义 4.1（L_{Ign}） 任给一原子命题集 Atom，有穷认知主体集 Ag，则无明语言 L_{Ign} 中的任意公式 φ 根据 BNF 定义如下：

$$\varphi ::= p \mid \neg \varphi \mid \varphi \wedge \varphi \mid K_i \varphi \mid \bullet_i \varphi，\text{其中 } p \in \text{Atom}, i \in \text{Ag}$$

在定义 4.1 中，K 为知道算子，$K_i \varphi$ 为"认知主体 i 知道 φ"；● 为无明算子，$\bullet_i \varphi$ 为"认知主体 i 无明 φ"。其他公式定义如常规缩写给出，例如 $\varphi \vee \varphi \Leftrightarrow \neg (\neg \varphi \wedge \neg \varphi)$，$\varphi \rightarrow \varphi \Leftrightarrow \neg \varphi \vee \varphi$。

定义 4.2（F_{Ign}，M_{Ign}） 令二元组 $F_{Ign} = <W, R_i>$ 为无明框架，则三元组 $M_{Ign} = <W, R_i, V>$ 是 F_{Ign} 上给定赋值函数 V 所组成的无明模型，其中（$i \in$ Ag）：

（1）$W \neq \varnothing$，W 为非空的认知状态集，

（2）$R_i \subseteq W \times W$ 为 W 之间的二元等价关系集，

（3）V：Atom（L_{Ign}）$\times W \rightarrow \{0, 1\}$ 为赋值函数，其对每个原子命题 $p \in$ Atom 在 M_{Ign} 上每个认知状态 $w \in W$ 所进行的赋值。

定义 4.3（真） 任给一个关于无明的模型 $M_{Ign} = <W, R_i, V>$，及 M_{Ign} 上的任一认知状态点 $w \in W$，以"$M_{Ign}, w \models \varphi$"标记"任一公式 $\varphi \in L_{Ign}$

在 M_{Ign} 中点 w 上为真",其中 φ 归纳定义如下:

(1) M_{Ign},w$\models$p,当且仅当,V(p,w)=1(p∈Atom);

(2) M_{Ign},w$\models\neg$φ,当且仅当,M_{Ign},w$\models$φ 不成立;

(3) M_{Ign},w$\models$φ∧ψ,当且仅当,M_{Ign},w$\models$φ 且 M_{Ign},w$\models$ψ;

(4) M_{Ign},w$\models K_i$φ,当且仅当,对任一 u∈W,若 u∈R_i(w),则 M_{Ign},u$\models$φ;

(5) M_{Ign},w$\models\bullet_i$φ,当且仅当,存在 u,v∈W,u,v∈R_i(w) 且 M_{Ign},u$\models$φ 不成立,而 M_{Ign},v$\models$φ 成立。

根据公式连接符的缩写定义,不难获得其他无明语言逻辑连接符下的合式公式语义。其余关于无明语言逻辑公式的模型有效、模型类有效、框架有效、框架类有效,也可以依次给出定义,这里从略。

定义 4.4（S_{Ign}） 一个刻画认知主体无明状态的系统 S_{Ign} 是由以下 {A_{Ign}1~6} 及 {R_{Ign}1~3} 所组成:

(A_{Ign}1) 所有命题逻辑重言式

(A_{Ign}2) K_i(φ→ψ)→(K_iφ→K_iψ)

(A_{Ign}3) K_iφ→K_iK_iφ

(A_{Ign}4) $\neg K_i$φ→$K_i\neg K_i$φ

(A_{Ign}5) K_iφ→φ

(A_{Ign}6) $\bullet_i$φ↔$\neg K_i$φ∧$\neg K_i\neg$φ

(R_{Ign}1) 对任意 φ∈$Form_{Ign}$(全体有效公式集),p∈Atom,若 ψ∈L_{Ign},则 φ(p/ψ)∈$Form_{Ign}$;

(R_{Ign}2) 根据$\vdash$φ 可得$\vdash K_i$φ;

(R_{Ign}3) 根据$\vdash$φ 及$\vdash$φ→ψ 可得$\vdash$ψ;

可见,S_{Ign} 是在知道逻辑系统 S_5 上增添无明特征公理而形成的系统,其目的是利用 S_5 具备理智的认知推理,以此为基础去刻画机锋博弈中主体的无明认知。

定理 4.1 S_{Ign} 可以导出如下规则:

(DR_{Ign}1) $\vdash$ φ/$\vdash\neg\bullet_i$φ

（DR$_{Ign}$2）⊢ φ↔ψ/⊢ ●$_i$φ↔●$_i$ψ

证明：对于（DR$_{Ign}$1），若⊢ φ，则由（R$_{Ign}$2）可得⊢ K$_i$φ。再由（A$_{Ign}$6）⊢¬ ●$_i$φ。对于（DR$_{Ign}$2），易证得（a）⊢ φ↔ψ/⊢ K$_i$φ↔K$_i$ψ。由（T$_{Ign}$1）可得（b）K$_i$φ→¬ ●$_i$φ 及（c）K$_i$ψ→¬ ●$_i$ψ。再由（b）、（c）与（A$_{Ign}$1）有（d）⊢ φ↔ψ/⊢ ●$_i$φ↔●$_i$ψ。

定理4.2　以下公式皆是 S$_{Ign}$定理：

（T$_{Ign}$1）●$_i$φ→¬ K$_i$φ

（T$_{Ign}$2）●$_i$φ→¬ K$_i$¬ φ

（T$_{Ign}$3）●$_i$φ↔●$_i$¬ φ

（T$_{Ign}$4）●$_i$φ∨●$_i$ψ→●$_i$（φ∧ψ）

（T$_{Ign}$5）K$_i$φ→（φ∧¬ ●$_i$φ）

（T$_{Ign}$6）K$_i$¬ φ→（¬ φ∧¬ ●$_i$φ）

（T$_{Ign}$7）K$_i$●$_i$φ→●$_i$φ

证明：

（1）（T$_{Ign}$1）与（T$_{Ign}$2）可由（A$_{Ign}$6）直接得证。

（2）由（A$_{Ign}$1）有¬ K$_i$φ∧¬ K$_i$¬ φ↔¬ K$_i$¬ φ∧¬ K$_i$¬¬ φ，再由（A$_{Ign}$1）即可得●$_i$φ↔●$_i$¬ φ。

（3）易证得（a）K$_i$φ∧K$_i$ψ↔K$_i$（φ∧ψ）；再由（A$_{Ign}$6）可得（b）（●$_i$φ∨●$_i$ψ）→（¬ K$_i$φ∧¬ K$_i$¬ φ）∨（¬ K$_i$ψ∧¬ K$_i$¬ ψ）；又有（c）（¬ K$_i$φ∧¬ K$_i$¬ φ）∨（¬ K$_i$ψ∧¬ K$_i$¬ ψ）→（¬ K$_i$φ∨¬ K$_i$ψ）；这样由（b）、（c）及（A$_{Ign}$1）可得（d）（●$_i$φ∨●$_i$ψ）→（¬ K$_i$φ∨¬ K$_i$ψ）；再由（d），（T$_{Ign}$1）及（R$_{Ign}$1）可得●$_i$φ∨●$_i$ψ→●$_i$（φ∧ψ）。

（4）由（T$_{Ign}$1），（A$_{Ign}$5），（R$_{Ign}$3）及（A$_{Ign}$1）可得（T$_{Ign}$5）；同理，由（T$_{Ign}$2），（A$_{Ign}$5），（A$_{Ign}$1）及（R$_{Ign}$3）可得（T$_{Ign}$6）。

（5）由（A$_{Ign}$5）及（R$_{Ign}$1）可得（T$_{Ign}$7）。

定理4.3　令 F$_{Ign}$ = <W, R$_i$>为任一无明框架，且 V 为框架上的赋值，那么以下公式 φ∈{A$_{Ign}$1，A$_{Ign}$2，A$_{Ign}$3，A$_{Ign}$4，A$_{Ign}$5，A$_{Ign}$6}，以及任何一规则 R$_{Ign}$x∈{R$_{Ign}$1，R$_{Ign}$2，R$_{Ign}$3}，皆是框架上有效或保有效。

证明：对 $\varphi \in \{A_{Ign}1，A_{Ign}2，A_{Ign}3，A_{Ign}4，A_{Ign}5\}$ 以及 $R_{Ign}x \in \{R_{Ign}1，$ $R_{Ign}2，R_{Ign}3\}$ 的有效性证明可以通过常规知道逻辑系统 S_5 给出。我们这里只需要证 $\varphi = A_{Ign}6$ 的情况。若 $F_{Ign} \models \bullet_i\varphi$，则由定义 4.3 及其说明可得：

当且仅当，存在 u，$v \in W$，u，$v \in R_i$（w）且 M_{Ign}，$u \models \varphi$ 不成立，而 M_{Ign}，$v \models \varphi$ 成立。

当且仅当，存在 $u \in W$，使得 $u \in R_i$（w）且 M_{Ign}，$u \models \varphi$ 不成立；且存在 $v \in W$，使得 $v \in R_i$（w）且 M_{Ign}，$v \models \varphi$ 成立。

当且仅当，$F_{Ign} \models K_i\varphi$，且 $F_{Ign} \models \neg K_i\varphi$。

当且仅当，$F_{Ign} \models K_i\varphi \wedge \neg K_i\varphi$。

即有 $F_{Ign} \models A_{Ign}6$。

定理 4.4（可靠性） S_{Ign} 的任意定理 $\varphi \in T_{Ign}$（S_{Ign}）在任意无知框架上有效。

证明：由"定理 4.3"，以及 F_{Ign} 的任意性，即可得证。

定理 4.5 令一个三元组 $M_{Ign}^C = <W^C，R_i^C，V^C>$ 为一个无明的典范模型，其中 W^C 为极大一致集 $\Sigma \subseteq Form_{Ign}$ 的集合，$R_i^C \subseteq W^C \times W^C$，$V^C$ 为公式 φ 在 Σ 上的赋值，则有：M_{Ign}^C，$\Sigma \models \varphi$，当且仅当，$\varphi \in \Sigma$。

证明：对 φ 进行结构归纳。对于 $p \in Atom$，$\neg \psi$，$\psi_m \wedge \psi_n$ 及 $K_i\psi$ 的情况可以通过常规知道逻辑系统 S_5 给出证明。现证当 $\varphi = \bullet_i\psi$ 时的情况。当 $\bullet_i\psi \in \Sigma$，由（$A_{Ign}6$）可得 $\neg K_i\psi \wedge \neg K_i \neg \psi \in \Sigma$。再由归纳假设，可得 M_{Ign}^C，$\Sigma \models$ $\neg K_i\psi \wedge \neg K_i \neg \psi$。由"定义 4.3"可得 M_{Ign}^C，$\Sigma \models \bullet_i\psi$。同理可得：当 M_{Ign}^C，$\Sigma \models \bullet_i\psi$，有 $\bullet_i\psi \in \Sigma$。

定理 4.6（完全性） 在任意无知框架上有效的任一公式 $\varphi \in Form_{Ign}$ 皆是 S_{Ign} 的定理。

证明：由"定理 4.5"以及可靠性定理即可得。

由（$A_{Ign}6$）可知，认知主体的无明是对事物的真假丧失了分辨能力，大脑处于迷茫状态。由（$A_{Ign}6$）的等价式 $\bullet_i\varphi \leftrightarrow \neg$（$K_i\varphi \vee K_i \neg \varphi$）可知，一个认知主体当处于无明状态时，其认知不存在排中律的情况。由（$T_{Ign}3$）可知，在无明者看来，真假无分别。与（$T_{Ign}4$）类似的，还有其他几种形式，例如 $\bullet_i\varphi\vee\bullet_i\psi\rightarrow\bullet_i$（$\varphi\vee\psi$），这意味着无明具有可分配性。（$T_{Ign}5$）与（$T_{Ign}6$）说明若认知主体知道某一事实，那么该事实是真知，且可以肯定该主体不处于无明状态。这体现在机锋博弈上，即是禅师以施机的方式勘验学人禅悟的状况，从学人的回机中确定学人是否还处于无明状态。（$T_{Ign}5$）的等价式是（$\varphi\rightarrow\bullet_i\varphi$）$\rightarrow\neg K_i\varphi$，意味着若认知主体面对事实性对象而处于无明，则其自身未获真知。

二、妄念逻辑刻画

在机锋博弈的认知过程中，"妄念"是修禅者最为明显的认知状态。许多禅师的施机要点都是围绕着禅修者的妄念而展开的博弈。妄念之"念"虽然也源自于心，却因"妄"而使心陷于无明之心。唯有根除妄念之心，才能确立禅悟之心。因此，妄念虽然是禅法要极力消除的对象，但也是启用禅法成就禅悟的机会。

妄念既是一种心理过程，也是一种认知状态。妄念常伴无明，反过来无明又是滋生妄念的基础。无明者不能如实获得真知，因而心起有背实相的妄念，便无法如实获得真信。从根源上看，妄念是由于六根不净、心识不觉而起心动念"攀缘"的结果。妄念源自分别之心，妄念也能生起分别之心。因为有分别之心，未能明知实相而生妄念。唯有去除分别之心，心无所住，才能明了万物并无境界差异的真相。

既然妄念并非是对真知的真信，而是违背实相"攀缘"的结果。因此，对"妄念"状态的逻辑刻画，可以借助于刻画"信不信"的相信逻辑来进行。为了更好地探究妄念这种认知状态的逻辑规律，以便研究机锋认知博弈中相应策略的抉择机制，我们可以对其展开形式化研究。

定义 4.5（L_{Imp}） 任给原子命题集 Atom 及其任一元素 p∈Atom，非空可数认知主体集 Ag（i∈Ag），则妄念语言 L_{Imp} 中的任意公式 φ 根据 BNF 定义如下：

φ∷= p｜¬φ｜φ→φ｜$B_i\varphi$｜$\circledcirc_i\varphi$

在定义 4.2 中，B 为相信算子，$B_i\varphi$ 为"认知主体 i 相信 φ"；◎为妄念算子，$◎_i\varphi$ 为"认知主体 i 妄念 φ"。其他公式定义如常规缩写给出，例如 $\varphi \lor \varphi \Leftrightarrow \neg \varphi \to \varphi$，$\varphi \land \varphi \Leftrightarrow \neg (\neg \varphi \land \neg \varphi)$。

定义 4.6（F_{Imp}，M_{Imp}）   令二元组 $F_{Imp} = <S，R_i>$ 为妄念框架，则三元组 $M_{Imp} = <S，R_i，\rho>$ 是 F_{Imp} 上给定赋值函数 ρ 所组成的为妄念模型，其中（$i \in Ag$）：

（1）$S \neq \varnothing$，S 为非空的认知状态集，

（2）$R_i \subseteq S \times S$ 为 S 之间满足持续性的二元关系集，

（3）ρ：Atom（L_{Imp}）$\times S \to \{1，0\}$ 为赋值函数，其对每个原子命题 $p \in$ Atom 在 M_{Imp} 上每个认知状态所进行的赋值。

定义 4.7（真）   任给一个关于妄念的模型 $M_{Imp} = <S，R_i，\rho>$，及 M_{Imp} 上的任一认知状态点 $s \in S$，以"$M_{Imp}，s \models \varphi$"标记"任一公式 $\varphi \in L_{Imp}$ 在 M_{Imp} 中点 s 上为真"，其中 φ 归纳定义如下：

（1）$M_{Imp}，s \models p$，当且仅当，ρ（p，s）$= 1$（$p \in$ Atom）；

（2）$M_{Imp}，s \models \neg \varphi$，当且仅当，$M_{Imp}，s \models \varphi$ 不成立；

（3）$M_{Imp}，s \models \varphi \to \psi$，当且仅当，$M_{Imp}，s \models \varphi$ 不成立或 $M_{Imp}，s \models \psi$ 成立；

（4）$M_{Imp}，s \models B_i\varphi$，当且仅当，对任一 $u \in S$，若 $u \in R_i$（s），则 $M_{Imp}，u \models \varphi$；

（5）$M_{Imp}，s \models ◎_i\varphi$，当且仅当，对任一 $u \in S$，若 $u \in R_i$（s），则 $M_{Imp}，u \models \varphi$ 不成立且存在 $v \in S$，$v \in R_i$（s）且 $M_{Imp}，v \models \varphi$ 不成立，而 $M_{Imp}，s \models \varphi$ 成立；或者对任一 $x \in S$，若 $x \in R_i$（s），则 $M_{Imp}，x \models \varphi$ 成立且存在 $y \in S$，$y \in R_i$（s）且 $M_{Imp}，y \models \varphi$ 成立，而 $M_{Imp}，s \models \varphi$ 成立。

由公式连接符的缩写定义，容易获得妄念语言逻辑其余连接符的公式语义定义。其余关于妄念语言逻辑公式的模型有效、模型类有效、框架有效、框架类有效，也可以依次给出定义，这里从略。

定义 4.8（S_{Imp}）   一个刻画认知主体无明状态的系统 S_{Imp} 是由以下 $\{A_{Imp}1 \sim 5\}$ 及 $\{R_{Imp}1 \sim 3\}$ 所组成，其中：

（$A_{Imp}1$）所有命题逻辑重言式

（$A_{Imp}2$）　B_i（$\varphi\to\psi$）$\to$（$B_i\varphi\to B_i\psi$）

（$A_{Imp}3$）　$B_i\varphi\to B_iB_i\varphi$

（$A_{Imp}4$）　$\neg B_i\varphi\to B_i\neg B_i\varphi$

（$A_{Imp}5$）　$\odot_i\varphi\leftrightarrow$（$\varphi\wedge B_i\neg\varphi\wedge\neg B_i\varphi$）$\vee$（$\neg\varphi\wedge B_i\varphi\wedge\neg B_i\neg\varphi$）

（$R_{Imp}1$）　对任意 $\varphi\in\text{Form}_{Imp}$（全体有效公式集），$p\in\text{Atom}$，若 $\psi\in L_{Imp}$，则 φ（p/ψ）$\in\text{Form}_{Imp}$；

（$R_{Imp}2$）　根据 $\vdash\varphi$ 可得 $\vdash B_i\varphi$；

（$R_{Imp}3$）　根据 $\vdash\varphi$ 及 $\vdash\varphi\to\psi$ 可得 $\vdash\psi$；

可见，S_{Imp} 具有分配性、排中性、内省性，且 S_{Imp} 是对相信逻辑系统 S_{K45} 的扩充系统，以此为基础使得认知主体可模拟机锋博弈中主体的实际认知功能及特殊状态。

定理 4.7　以下公式皆是 S_{Imp} 定理：

（$T_{Imp}1$）　$\odot_i\varphi\to$（$B_i\varphi\to\neg B_i\neg\varphi$）

（$T_{Imp}2$）　$\odot_i\varphi\to$（$\neg B_i\neg\varphi\to B_i\varphi$）

（$T_{Imp}3$）　$\odot_i\varphi\to$（$B_i\varphi\to B_i\varphi$）

（$T_{Imp}4$）　$\odot_i\varphi\to$（$B_i\neg\varphi\to B_i\neg\varphi$）

（$T_{Imp}5$）　$\odot_i\varphi\to$（$\varphi\to B_i\neg\varphi$）

（$T_{Imp}6$）　$\odot_i\varphi\to$（$\neg\varphi\to B_i\varphi$）

（$T_{Imp}7$）　$\odot_i\varphi\to$（$\varphi\to\neg B_i\varphi$）

（$T_{Imp}8$）　$\odot_i\varphi\to$（$\neg\varphi\to\neg B_i\neg\varphi$）

（$T_{Imp}9$）　$\odot_i\varphi\leftrightarrow\odot_i\neg\varphi$

证明：（1）（$T_{Imp}1\sim8$）可由（$A_{Imp}1$）、（$A_{Imp}5$）及（$R_{Imp}3$）直接得证；（2）（$T_{Imp}9$）可由（$A_{Imp}1$）、（$A_{Imp}5$）及（$R_{Imp}1$）直接得证。

定理 4.8　公式 $A_{Imp}1\sim A_{Imp}5$ 是持续框架上的有效式，且规则 $R_{Imp}1\sim R_{Imp}3$ 在持续框架上保有效。

证明：设任意二元组 $F_{Imp}=<S,R_i>$ 为妄念认知框架，及 ρ 为原子公式集与 F_{Imp} 中 S 的笛卡儿积到真值上的映射函数，那么：

（1）其中，公式 $A_{Imp}1\sim A_{Imp}4$ 的有效性证明，以及对 $R_{Imp}1\sim R_{Imp}3$ 在持

续框架上保有效性证明，可以通过常规相信逻辑系统 S_{K45} 给出。

（2）对于 $A_{Imp}5$ 由"定义4.7"及说明，则可得：$F_{Imp} \models \bigcirc_i \varphi$，当且仅当，对任一 $u \in S$，若 $u \in R_i$ （s），则 M_{Imp}，$u \models \varphi$ 不成立且存在 $v \in S$，$v \in R_i$ （s）且 M_{Imp}，$v \models \varphi$ 不成立，而 M_{Imp}，$s \models \varphi$ 成立；或者对任一 $x \in R_i$ （s），则 M_{Imp}，$x \models \varphi$ 成立且存在 $y \in S$，$y \in R_i$ （s）且 M_{Imp}，$y \models \varphi$ 成立，而 M_{Imp}，$s \models \varphi$ 成立。

当且仅当，$F_{Imp} \models \varphi \wedge B_i \neg \varphi \wedge \neg B_i \varphi$ 或 $\neg \varphi \wedge B_i \varphi \wedge \neg B_i \neg \varphi$。

当且仅当，$F_{Imp} \models （\varphi \wedge B_i \neg \varphi \wedge \neg B_i \varphi） \vee （\neg \varphi \wedge B_i \varphi \wedge \neg B_i \neg \varphi）$。

定理4.9（可靠性） 任意定理 $\varphi \in T_{Imp}（S_{Imp}）$ 在任一妄念框架上有效。

证明：根据 F_{Imp} 的任意性，以及"定理4.8"即可得证。

定理4.10 任给一个有关妄念的典范模型 $M^C_{Imp} = <S^C，R^C_i，\rho^C>$，其中：$S^C = \{s | s$ 为 S_{Imp} 公式集的极大协调集$\}$；R^C_i （s，s^a）满足当且仅当 s^a 为 s 的附属集合；对任一 $p \in Atom$ （L_{Imp}），ρ^C （p，s）$\Leftrightarrow p \in s$；有：M^C_{Imp}，$s \models \psi$，当且仅当 $\psi \in s$。

证明：采用 φ 公式结构的归纳法。

如 $\varphi \in \{p \in Atom，\neg \varphi，\varphi_a \to \varphi_b，B_i \varphi\}$ 则证明可以通过常规相信逻辑系统 S_{K45} 给出。

若 $\psi = \bigcirc_i \varphi$ 则有：由 M^C_{Imp}，$s \models \bigcirc_i \varphi$ 及（$A_{Imp}5$）可得 M^C_{Imp}，$s \models （\varphi \wedge B_i \neg \varphi \wedge \neg B_i \varphi） \vee （\neg \varphi \wedge B_i \varphi \wedge \neg B_i \neg \varphi）$。再由"定义4.7"及归纳假设可得：$（\varphi \wedge B_i \neg \varphi \wedge \neg B_i \varphi） \vee （\neg \varphi \wedge B_i \varphi \wedge \neg B_i \neg \varphi） \in s$，即 $\bigcirc_i \varphi \in s$。同理，可证得：当 $\bigcirc_i \varphi \in s$，则有 M^C_{Imp}，$s \models \bigcirc_i \varphi$。

定理4.11（完全性） 在妄念框架上有效的公式 $\varphi \in Form_{Imp}$ 皆是 S_{Imp} 定理。

证明：由"定理4.10"以及极大一致集的性质定理即可得证。

根据（$T_{Imp}1$）可知，妄念者遵循矛盾律，即相信一个命题则不会相信其矛盾命题；（$T_{Imp}2$）说的是妄念者遵循排中律，即在相对矛盾的命题中必须二选一。（$T_{Imp}3 \sim 4$）是说妄念者遵循同一律，即相信一个命题的真假将一直持有恒定信念。（$T_{Imp}5 \sim 6$）表示妄念者认知的虚妄不实，总是持有与真知相反的错误信念。（$T_{Imp}7 \sim 8$）表示妄念者具有认知上的选择错误性，对真知总是排除于自己信念之外。（$T_{Imp}9$）表示妄念者对事物的认知皆是迷妄不实，不具有正确参考价值。

如此可见，一方面妄念者在思维规律上是无误的，遵循思维的基本规律同一律、矛盾律、排中律，具有正常理性人的认知能力；但另一方面，妄念在认知内容上则是错误不堪、虚妄不实。持有妄念是不恰当、不合理、不应该的，机锋启悟应予以去除。

三、明了逻辑刻画

禅宗机锋启悟，使学人断除无明、去除妄念，以达成明了。达成明了则契入无惑无疑的禅悟境界。因此明了就是明心见性，这正是机锋启悟的核心目标。禅师机锋启悟运用的诸多策略、设置的种种思维障碍与陷阱，无非是为了学人获得明了之心、达成明了之境而展开的种种施教手段。

显然，明了就是明白真知，因此对"明了"状态的逻辑刻画，也可以借助于刻画"知不知"的知道逻辑来进行。为了能够更加严谨地获得明了认知状态的逻辑性质，我们将以形式化的方式对其进行逻辑刻画。

定义 4.9（L_{Und}） 令 $p \in Prop$ 为任意的命题变元，$i \in Ag$ 为任意的认知主体，一个关于明了的语言 L_{Und} 是由满足以下生成规则而定义的公式 φ 所形成：

$$\varphi ::= p \mid \neg \varphi \mid \varphi \to \varphi \mid K_i\varphi \mid \bigcirc_i\varphi$$

在定义 4.9 中，$K_i\varphi$ 如前定义，而 $\bigcirc$ 为明了算子，$\bigcirc_i\varphi$ 为"认知主体 i 明了 φ"。其他公式定义如常规缩写给出，例如 $\varphi \vee \varphi \Leftrightarrow \neg \varphi \to \varphi$，$\varphi \wedge \varphi \Leftrightarrow \neg (\neg \varphi \vee \neg \varphi)$。

定义 4.10（F_{Und}，M_{Und}） 令 $Form（L_{Und}）$ 为 L_{Und} 的全体有效公式集，二元组 $F_{Und} = <S, R_i>$ 为明了框架，则三元组 $M_{Und} = <S, R_i, \pi>$ 是 F_{Und} 上给定赋值函数 π 所组成的明了模型，其中（$i \in Ag$）：

（1）$S \neq \varnothing$，S 为非空的认知状态集，

（2）$R_i \subseteq S \times S$ 为 S 之间的二元等价关系集，

（3）π：$L_{Und} \times S \rightarrow \{1, 0\}$ 为赋值函数，其对每个公式 $\varphi \in L_{Und}$ 在 M_{Ign} 上每个认知状态进行赋值。自然，$\pi (\varphi, s) = 1 \Leftrightarrow M_{Und}, s \vDash \varphi$，称为公式 $\varphi \in L_{Und}$ 在 M_{Und} 模型点 s 认知状态上有效。

定义 4.11（真）　设 $M_{Und} = <S, R_i, \pi>$ 为一个关于明了的模型，并任取 M_{Und} 上的状态点 $s \in S$，则（M_{Und}，s）为点模型，且以 $\pi (\varphi, s) = 1$ 标示任一公式 $\varphi \in$ Form（L_{Und}）在（M_{Und}，s）中为真，其中 φ 为真由如下定义给出：

（1）$\pi (p, s) = 1$，当且仅当，$s \in \pi (p)$；

（2）$\pi (\neg \varphi, s) = 1$，当且仅当，$\pi (\varphi, s) = 0$；

（3）$\pi (\varphi \rightarrow \psi, s) = 1$，当且仅当，$\pi (\varphi, s) = 0$ 或 $\pi (\psi, s) = 1$；

（4）$\pi (K_i \varphi, s) = 1$，当且仅当，对任一 $u \in S$，若 $u \in R_i (s)$，则 $\pi (\varphi, u) = 1$；

（5）$\pi (\bigcirc_i \varphi, s) = 1$，当且仅当，对任一 $u \in S$，$\pi (\varphi, s) = 1$，且若 $u \in R_i (s)$ 则 $\pi (\varphi, u) = 1$；或者对任一 $v \in S$，$\pi (\varphi, s) = 0$，且若 $v \in R_i (s)$ 则 $\pi (\varphi, v) = 0$。

由公式连接符的缩写定义，容易获得明了语言逻辑其余连接符的公式语义定义。其余关于明了语言逻辑公式的模型有效、模型类有效、框架有效、框架类有效，也可以依次给出定义，这里从略。

定义 4.12（S_{Und}）　一个刻画认知主体明了状态的系统 S_{Und} 是由以下 $\{A_{Und}1 \sim 6\}$ 及 $\{R_{Und}1 \sim 3\}$ 所组成：

（$A_{Und}1$）所有命题逻辑重言式

（$A_{Und}2$）$K_i (\varphi \rightarrow \psi) \wedge K_i \varphi \rightarrow K_i \psi$

（$A_{Und}3$）$K_i \varphi \rightarrow \varphi$

（$A_{Und}4$）$K_i \varphi \rightarrow K_i K_i \varphi$

（$A_{Und}5$）$\neg K_i \varphi \rightarrow K_i \neg K_i \varphi$

（$A_{Und}6$）$\bigcirc_i \varphi \leftrightarrow (\varphi \wedge K_i \varphi) \vee (\neg \varphi \wedge K_i \neg \varphi)$

（$R_{Und}1$）对任意 $\varphi \in$ Form（L_{Und}），$p \in$ Prop，若 $\psi \in L_{Ign}$，则 $\varphi (p/\psi) \in$ Form（L_{Und}）；

（$R_{Und}2$）根据 $\vdash \varphi$ 可得 $\vdash K_i \varphi$；

（$R_{Und}3$）根据├ φ 及├ $\varphi \to \psi$ 可得├ ψ；

可见，S_{Und} 是在 S_5 上的扩充系统，由于 S_5 具备理智的认知推理能力，因此 S_{Und} 至少也具备这些认知推理能力。

定理 4.12　以下公式皆是 S_{Und} 定理：

（$T_{Und}1$）$\bigcirc_i\varphi \to (\varphi \to K_i\varphi)$

（$T_{Und}2$）$\bigcirc_i\varphi \to (\neg \varphi \to K_i \neg \varphi)$

（$T_{Und}3$）$\bigcirc_i\varphi \to (K_i\varphi \lor K_i\neg \varphi)$

（$T_{Und}4$）$\bigcirc_i\varphi \leftrightarrow \bigcirc_i\neg \varphi$

（$T_{Und}5$）$\bigcirc_i\varphi \land \bigcirc_i\psi \to \bigcirc_i (\varphi \land \psi)$

证明：

（1）（$T_{Und}1$）、（$T_{Und}2$）与（$T_{Und}3$）可由（$A_{Und}1$）、（$A_{Und}6$）与（$R_{Und}3$）直接得证。

（2）（$T_{Und}4$）可由（$A_{Und}6$）与（$R_{Und}3$）直接得证。

（3）根据（$A_{Und}1$）有（a）$\varphi \to \varphi \lor \psi$ 与（b）$\psi \to \varphi \lor \psi$。再由（$R_{Und}2$）、（$R_{Und}3$）与（$A_{Und}2$）可得（c）$K_i\varphi \to K_i (\varphi \lor \psi)$ 与（d）$K_i\psi \to K_i (\varphi \lor \psi)$。再根据（$A_{Und}1$）有（e）$(K_i\varphi \to K_i (\varphi \lor \psi)) \to ((K_i\psi \to K_i (\varphi \lor \psi)) \to ((K_i\varphi \lor K_i\psi) \to K_i (\varphi \lor \psi)))$。再根据（e）、（c）、（d）及（$R_{Und}3$）即可得（f）$(K_i\varphi \lor K_i\psi) \to K_i (\varphi \lor \psi)$。再由（$A_{Und}1$）、（f）与（$R_{Und}1$）可得（g）$((\varphi \land K_i\varphi) \lor (\neg \varphi \land K_i\neg \varphi)) \land ((\psi \land K_i\psi) \lor (\neg \psi \land K_i\neg \psi)) \to (((\varphi \land \psi) \land K_i (\varphi \land \psi)) \lor (\neg (\varphi \land \psi) \land K_i\neg (\varphi \land \psi)))$。再由（g）与（$A_{Und}6$）可得（$T_{Und}5$）。

定理 4.13　任意给一个明了框架 $F_{Und} = \langle S, R_i \rangle$，以及 F_{Und} 上的映射函数 π，则对任意 $\varphi \in \text{Form} (L_{Und})$ 有 $\pi (\varphi, F_{Und}) = 1$。

证明：显然，求证 $\varphi \in \{A_{Und}x \mid x = 1, \cdots, 6\}$ 皆有 $\pi (\varphi, F_{Und}) = 1$ 即可。当 $\varphi \in \{A_{Und}x \mid x = 1, \cdots, 5\}$ 时，证明可以通过常规知道逻辑系统 S_5 给出。当 $\varphi = A_{Und}6$ 时，由"定义 4.11"可得：若 $\pi (\bigcirc_i\psi, F_{Und}) = 1$，

当且仅当，对任一 $u \in S$，$\pi (\psi, s) = 1$，且若 $u \in R_i (s)$ 则 $\pi (\psi, u) = 1$；或者对任一 $v \in S$，$\pi (\psi, s) = 0$，且若 $v \in R_i (s)$ 则 $\pi (\psi, v) = 0$。

当且仅当，π（ψ，F_{Und}）＝1 且 π（$K_i\psi$，F_{Und}）＝1，或者 π（$\neg\psi$，F_{Und}）＝1 且 π（$K_i\neg\psi$，F_{Und}）＝1。

当且仅当，π（（$\psi\wedge K_i\psi$）$\vee$（$\neg\psi\wedge K_i\neg\psi$），$F_{Und}$）＝1，即 π（φ，F_{Und}）＝1。

定理 4.14（可靠性） 在任意明了框架 F_{Und} 上，S_{Und} 的任意定理皆有效。

证明：只需求证 $\varphi\in\{A_{Und}x\mid x=1，\cdots，6\}$ 皆有 π（φ，F_{Und}）＝1，且对于任一 $R_{Und}x\in\{R_{Und}x\mid x=1，\cdots，3\}$ 在 F_{Und} 上保有效。其中 $R_{Und}x$ 在 F_{Und} 上保有效可以通过常规知道逻辑系统 S_5 给出证明，再由"定理 4.13"以及 F_{Und} 的任意性即可得证。

定理 4.15 设任一三元组 $<S^c，R_i^c，\pi^c>$ 为一个明了典范模型 M_{Und}^c，其中：S^c 为 S_{Und} 中任意公式集 $\Sigma\subseteq Form$（L_{Und}）的极大一致集的集合；R_i^c 为 S^c 上的二元等价关系，π^c 为任意 ψ 在 Σ 上的赋值函数，则有：π^c（ψ，Σ）＝1，当且仅当 $\psi\in\Sigma$。

证明：采用结构归纳法。只需证明 $\psi\in\{p\in Prop，\neg\varphi，\varphi_m\rightarrow\varphi_n，K_i\varphi，\bigcirc_i\varphi\}$ 的情况。对于 $\psi\in\{p\in Prop，\neg\varphi，\varphi_m\rightarrow\varphi_n，K_i\varphi\}$ 的情况可以通过常规知道逻辑系统 S_5 给出证明。当 $\psi=\bigcirc_i\varphi$ 时，假设 $\bigcirc_i\varphi\in\Sigma$，则根据（$A_{Und}6$）有（$\psi\wedge K_i\psi$）$\vee$（$\neg\psi\wedge K_i\neg\psi$）$\in\Sigma$。根据归纳假设、"定义 4.11"以及 $\psi\in\{p\in Prop，\neg\varphi，\varphi_m\rightarrow\varphi_n，K_i\varphi，\bigcirc_i\varphi\}$ 的情况。可得 π^c（（$\psi\wedge K_i\psi$）$\vee$（$\neg\psi\wedge K_i\neg\psi$），$\Sigma$）＝1。结合"定义 4.11"可得 π^c（$\bigcirc_i\varphi$，Σ）＝1。同理可得：若 π^c（$\bigcirc_i\varphi$，Σ）＝1，则 $\bigcirc_i\varphi\in\Sigma$。$\pi^c$（$\psi$，$\Sigma$）＝1，当且仅当，$\psi\in\Sigma$。

定理 4.16（完全性） 在任意明了框架 F_{Und} 上，S_{Und} 的任意有效式皆是定理。

证明：任给典范框架 M_{Und}^c 及其上的赋值函数 π^c，我们只需证 π^c（ψ，Σ）＝1（其中 $\psi\in\{A_{Und}x\mid x=1，\cdots，6\}$）皆有 $S_{Und}\vdash\psi$。现由"定理 4.15"、可靠性定理，以及 F_{Und} 的任意性即得证。

根据 S_{Und} 的公理可知，明了系统是对 S_5 的扩充系统，因此保留了较强的内省功能，体现了作为一般认知主体所具备的理智认知功能。实际上还可以证得$\bigcirc_i\varphi\rightarrow K_i\bigcirc_i\varphi$，也即认知主体处于明了状态时，是清楚自己已经获得明了之心。（$T_{Und}1$）与（$T_{Und}2$）体现了机锋博弈中认知主体若已由迷妄转为明了，则对于事物的真假都知道，表明明了认知状态就是禅悟境界。（$T_{Und}3$）体现了机锋博弈中获得明了的认知主体同样具备认知排中律。（$T_{Und}4$）体现了明了的一种内省本质，即主体一旦明了则也明了其未明之知，即孔子所言"知之为知之，不知为不知，是知也。"（$T_{Und}5$）体现了机锋博弈中获得明了的认知主体同样具备认知合取律。

第三节　启悟公理系统

有了机锋参与者认知状态的逻辑刻画，我们就可以根据本章第一节对机锋启悟过程的论述，来构建机锋启悟公理系统。在本节中，我们首先给出一种机锋启悟模型，然后在此基础上进行机锋启悟逻辑的刻画，最后对机锋认知机制进行分析讨论。

一、机锋启悟模型

机锋博弈的核心任务，就是启悟学人。启悟针对接机者而言，因此可以将机锋语言的使用与接机者的认知状态关联起来。于是机锋启悟就是一种认知互动行为。在此认知互动中，施机者针对接机者施以契机性语言，接机者切身体悟，恰能领会该契机性语言则获顿悟。接机者一旦顿悟则刹那间内心疑念消解，从迷妄状态走出。

启悟是禅悟过程在时间上的一种体现。机锋博弈的启悟，是认知主体从迷妄到明了认知状态的一个过程。启悟前期的参悟过程，就是所谓的渐修。那个触发达成明了状态的契机，则是机锋博弈的禅机。通过对这一禅机的摄取，认知主体能从迷妄认知状态转化到明晰有序的明了状态。迷妄状态又可以细分为更为具体的"迷乱"（比如无明）与"虚妄"（比如妄念）两种状态。对"迷乱"与"虚妄"这两种认知状态的契机转化机制，涉及更为复杂的过程，如图4.4所示。

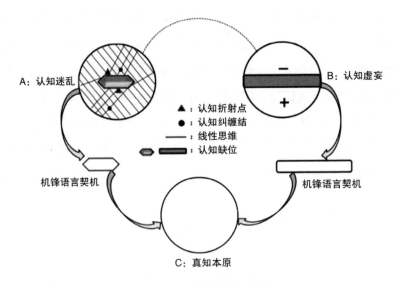

A: 认知迷乱　　　　　　　　　　　　　　　　　B: 认知虚妄

▲: 认知折射点
●: 认知纠缠结
——: 线性思维
▭ ▬: 认知缺位

机锋语言契机　　　　　　　　　　　　　　机锋语言契机

C: 真知本原

图 4.4　机锋博弈启悟模型

在机锋博弈过程中，迷乱的认知状态是指认知主体处于思维散乱的某个缺位状态。如果认知主体摄取的某个契机恰好填补了这个缺位，那么缺位得到填补后认知主体所形成的迷乱消除，就能获得启悟（图 4.4 中 A 至 C）。在机锋博弈过程中，虚妄的认知状态是指认知主体处于思维虚假的某个缺位状态。如果认知主体摄取的某个契机恰好填补了这个缺位，那么缺位得到填补后认知主体所形成的虚妄消除，就能获得启悟（图 4.4 中 B 至 C）。

在图 4.4 中，机锋参与者（尤其是学人），或者从 A 认知状态（因认知缺位而引起认知迷乱）开始，经过施机者的某一机锋语言的契机，使得认知缺位得以填补，而成就禅悟境界（真如本原）的 C 认知状态。或者从 B 认知状态（因认知缺位而引起认知虚妄）开始，经过施机者的某一机锋语言的契机，使得认知缺位得以填补，而成就禅悟境界（真如本原）的 C 认知状态。

启悟的前提条件是：（1）认知缺位的显露需要认知主体先消除认知障碍（多为妄念）；（2）寻求缺位的程度大小。对缺位的寻求其实就是一种"疑"，疑得越深触及缺位的可能性就越大。虽然认知主体并非明确自己的缺位所在，但随着认知主体的疑念加深，缺位显露与契机嵌入的概率也越大。

整个机锋启悟过程灵活多变，既没有固定的模式，也没有统一的效果。即使同一则机锋，其所展露的禅机也不一定相同。这种灵活性主要根源于机锋博弈两个方面的差异性。其一是不同认知主体的差异性：禅师所面对的学人千差万别，学人的慧根各不相同，迷妄的缺位也有所不同。其二是认知时空的差异性：即使是同一学人，其认知状态也随着时间和情境的迁移而变化，认知缺位也会不断变迁。

若以明了为顿悟，那么明了之后又会有什么状态？简而言之，明了之后即是无念。作为对世间诸法的全面否定，无念是去除种种妄念之后呈现出来的一种虚空认知状态。如果说明了还是一种具有意向性的禅悟认知状态，那么无念则是一种没有任何意向性的禅悟认知状态。从唯识论去意向性的角度看，机锋启悟本质上就是由"第七识"的"我执"转向"第八识"的"无我"的一个过程。

禅悟的这种无念认知状态，禅宗中往往称为"第一句"或"第一义"。倘若不得第一义，学人仍会或否定或肯定地执着于"有得"。在机锋博弈中，凡执着于有得的学人不得究竟禅悟。因此机锋言语必须运用"活语"而非"死语"，使博弈双方皆无所得。从认知状态上看，博弈双方皆无所得，双方的认知状态就都处于无念状态。如何达成无所得的境界呢？禅宗认为得失是非分别皆唯心所生，只有除净得失是非之心才能成就禅悟的无念之心。

二、启悟逻辑刻画

根据上述分析，可知机锋参与者（尤指学人）的启悟具有内外兼备的因素，而施机者所发出的机锋语言具有微妙的契机性。正因为契机微妙，接机者如果难以领略契机，机锋博弈启悟也就难以奏效。为了提高机锋博弈启悟的有效性，我们可以通过形式化方式去探究这种启悟的逻辑刻画，来发现机锋启悟有效性的内在规律。

定义 4.13（L_{Enl}） 任给一有限原子公式集 Atom 及其任一元素 $p \in$ Atom，模态算子集 $\{I, \bigcirc\}$，以及连接符集 $\{\neg, \wedge, \vee, \rightarrow, \leftrightarrow\}$，认知主体集 $N = \{a, b\}$，一个关于机锋博弈的启悟语言 L_{Enl} 是由公式 φ 经以下 BNF 所生成：

$$\varphi ::= p \mid \neg\varphi \mid \varphi \rightarrow \varphi \mid \bigcirc_i \varphi \mid I_i(\omega, \varphi), (i \in N)$$

在定义 4.13 中，○为明了算子，$○_i φ$ 为"认知主体 i 明了 φ"；I 为洞见算子，$I_i (ω, φ)$ 为"认知主体 i 聆取 ω 后出现 φ"，$ω ∈ \{ψ | ○_i φ → ψ$，且 $ψ :: = p | ¬ ψ | ψ ∧ ψ\}$。其余连接符下的公式生成由其相应的缩写定义如常规给出。

定义 4.14 (F_{Enl}, M_{Enl})　一个启悟框架为 $F_{Enl} = <S, R_i>$（$i ∈ N$），而相应的三元组 $M_{Enl} = <S, R_i, ∂>$ 即为启悟模型，其中：

（1）S：非空且可数的认知状态集，

（2）R_i：$N → μ (S × S)$，即对每位主体映射到二元认知关系的指派函数，

（3）$∂$：$Atom → μ (S)$，即对每个原子公式到认知状态上的指派函数。

如此，对于 s，$v ∈ S$，（M_{Enl}，s）即为有关启悟的点模型或模型点，$R_i sv$ 即为"认知主体 i 在 s 可认知 v"。其余关于启悟语言公式的模型、模型类、框架、框架类，也可以依次给出相应的定义，这里从略。

定义 4.15 (T_{Enl})　任意给定启悟认知模型 $M_{Enl} = <S, R_i, ∂>$，以及点模型（M_{Enl}，s），对于任意公式 $φ ∈ L_{Enl}$，在（M_{Enl}，s）上的真值归纳定义如下：

（1）$∂ (p, s) = 1$，当且仅当，$s ∈ ∂ (p)$；

（2）$∂ (¬ φ, s) = 1$，当且仅当，$∂ (φ, s) = 0$；

（3）$∂ (φ → ψ, s) = 1$，当且仅当，$∂ (φ, s) = 0$ 或 $∂ (ψ, s) = 1$；

（4）$∂ (○_i φ, s) = 1$，当且仅当，对任一 $u ∈ S$，$∂ (φ, s) = 1$，且若 $u ∈ R_i (s)$ 则 $∂ (φ, u) = 1$；或者对任一 $v ∈ S$，$∂ (φ, s) = 0$，且若 $v ∈ R_i (s)$ 则 $∂ (φ, v) = 0$；

（5）$∂ (I_i (ω, φ), s) = 1$，当且仅当，若 $∂ (ω, s) = 1$，则 $∂^ω (φ, u) = 1$；这里，$∂^ω$ 属于启悟模型 $M_{Enl}^ω = <S^ω, R_i^ω, ∂^ω>$ 中对应的指派函数，其中：

（a）$S^ω$：$\{s_* | ∂ (φ, s_*) = 1, s_* ∈ S\}$；

（b）$R_i^ω$：$R_i ∩ (S^ω × S^ω)$；

（c）$∂^ω$：$∂ × S^ω$。

相应地，对于启悟语言公式的框架有效、框架类有效、模型有效、模型

类有效，我们也可以分别给出相应定义，这里从略。

定理 4.17　∂（I_i（ω，$\bigcirc_i\varphi$），s）=∂（$\omega\rightarrow\bigcirc_i I_i$（$\omega$，$\varphi$），s）。

证明：对任一点模型（M_{Enl}，s），∂（$\omega\rightarrow\bigcirc_i I_i$（$\omega$，$\varphi$），s）=1；

当且仅当，如果∂（ω，s）=1，那么∂（I_i（ω，φ），s）=1，且对任一 u∈S，若 u∈R_i（s）则∂（I_i（ω，φ），u）=1；或者∂（I_i（ω，φ），s）=0，且对任一 v∈S，若 v∈R_i（s）则∂（I_i（ω，φ），v）=0；

当且仅当，如果∂（ω，s）=1，那么若∂（ω，s）=1 则∂^{ω}（ω，s）=1，且对任一 u∈S，若 u∈R_i（s）则如果∂（ω，u）=1 那么∂^{ω}（ω，u）=1；或者∂（ω，s）=1 且∂^{ω}（ω，s）=0，且对任一 v∈S，若 v∈R_i（s）则∂（ω，v）=1 且∂^{ω}（ω，v）=0；

当且仅当，如果∂（ω，s）=1，那么∂^{ω}（ω，s）=1，且对任一 u∈S^{ω}，若 u∈R_i^{ω}（s）则∂^{ω}（ω，u）=1；或者∂^{ω}（ω，s）=0，且对任一 v∈S^{ω}，若 v∈R_i^{ω}（s）则∂^{ω}（ω，v）=0；

当且仅当，如果∂（ω，s）=1，∂^{ω}（$\bigcirc_i\varphi$，s）=1；

当且仅当，∂（I_i（ω，$\bigcirc_i\varphi$），s）。

定义 4.16（S_{Enl}）　任给公式 ω，φ，$\psi\in L_{Enl}$，则一个关于机锋博弈的启悟系统 S_{Enl} 是指 $S_{Enl}=\{A_{Enl}1\sim5\}\cup\{R_{Enl}1\sim3\}$，其中：

（$A_{Enl}1$）S_{Und} 的所有公理；

（$A_{Enl}2$）I_i（ω，p）$\leftrightarrow$（$\omega\rightarrow$p）；

（$A_{Enl}3$）I_i（ω，$\neg\varphi$）$\leftrightarrow$（$\omega\rightarrow\neg I_i$（$\omega$，$\varphi$））；

（$A_{Enl}4$）I_i（ω，$\varphi\wedge\psi$）$\leftrightarrow$（I_i（ω，φ）$\wedge I_i$（ω，ψ））；

（$A_{Enl}5$）I_i（ω，$\bigcirc_i\varphi$）$\leftrightarrow$（$\omega\rightarrow\bigcirc_i I_i$（$\omega$，$\varphi$））；

（$R_{Enl}1$）$\vdash\varphi/\vdash\bigcirc_i\varphi$；

（$R_{Enl}2$）$\vdash\varphi/\vdash I_i$（ω，φ）；

（$R_{Enl}3$）$\vdash\varphi$，$\vdash\varphi\rightarrow\psi/\vdash\psi$.

在定义 4.16 中，（$A_{Enl}5$）是关于机锋博弈启悟的特征公理。根据 S_{Enl} 的构造，我们将对其相应的系统证明，确保该系统是一个既可靠又完备的系统。

定义4.17（ζ（χ）） 对于任意公式 ω，φ，ψ ∈ Form（L_{Enl}），一个关于 L_{Enl} 到 L_{Und} 的转译函数 ζ（χ）递归地定义如下：

$$\zeta(x) = \begin{cases} p, & x = p \\ \neg\ \zeta(\varphi), & x = \neg\ \varphi \\ \zeta(\varphi)\ \wedge\ \zeta(\psi), & x = \varphi\ \wedge\ \psi \\ \bigcirc_i\zeta(\varphi), & x = \bigcirc_i\varphi \\ \zeta(\omega \rightarrow p), & x = I_i(\omega,p) \\ \zeta(\omega \rightarrow \neg\ I_i(\omega,\varphi)), & x = I_i(\omega,\neg\ \varphi) \\ \zeta(I_i(\omega,\varphi)\ \wedge\ I_i(\omega,\psi)), & x = I_i(\omega,\varphi\ \wedge\ \psi) \\ \zeta(\omega \rightarrow \bigcirc_i I_i(\omega,\varphi)), & x = I_i(\omega,\bigcirc_i\varphi) \end{cases}$$

定义4.18（D（χ）） 对于任意公式 ω，φ，ψ ∈ Form（L_{Enl}），一个关于 L_{Enl} 中公式的复杂度 D（χ）是指对 S_{Enl} 中每一个公式以下面规则指派到自然数的函数：

$$D(x) = \begin{cases} 1, & x = \bot \\ 1, & x = p \\ 1 + D(\varphi), & x = \neg\ \varphi \\ 1 + D(\varphi), & x = \bigcirc_i\varphi \\ (4 + D(\omega)) \times D(\varphi), & x = I_i(\omega,\varphi) \\ 1 + max\ (D(\varphi),D(\psi)), & x = \varphi\ \wedge\ \psi \end{cases}$$

定理4.18 对于任意公式 χ ∈ Form（L_{Enl}），ζ（χ）对 χ 的 S_{Enl} 一致性具有保持性。

证明：只需证⊢ ζ（χ）↔χ。对此，施归纳于 χ 的复杂度 D（χ）。

（1）当 χ = p 时，显然有⊢ p↔p；

（2）归纳假设：假设 D（χ）≤n 命题成立，以下结合考察 D（χ）＝ n + 1：

（a）当 χ = ¬ ψ 时，D（¬ ψ）＝1 + D（ψ）＞D（ψ）；

（b）当 χ = φ∧ψ 时，D（φ∧ψ）＝1 + max（D（φ），D（ψ））＞D

（ψ）及 D（$\varphi \wedge \psi$）=1+max（D（φ），D（ψ））＞D（φ）；

（c）当 $\chi = \bigcirc_i \psi$ 时，D（$\bigcirc_i \psi$）=1+D（ψ）＞D（ψ）；

（d）当 $\chi = I_i$（ω，p）时，D（I_i（ω，p））=4+D（ω），而 D（$\omega \to p$）=1+max（2，D（ω）），可见 D（I_i（ω，p））＞D（$\omega \to p$）；

（e）当 $\chi = I_i$（ω，$\neg \psi$）时，D（I_i（ω，$\neg \psi$））=（4+D（ω））×D（$\neg \psi$）=（4+D（ω））×（1+D（ψ））=4+D（ω）+4D（ψ）+D（ω）D（ψ），而 D（$\omega \to \neg I_i$（ω，ψ））=1+D（$\omega \wedge I_i$（ω，ψ））=2+max（D（ω），D（I_i（ω，ψ）））=2+max（D（ω），D（I_i（ω，ψ）））=2+max（D（ω），+4D（ψ）+D（ω）D（ψ）），所以有 D（I_i（ω，$\neg \psi$））＞D（$\omega \to \neg I_i$（ω，ψ））；

（f）当 $\chi = I_i$（ω，$\varphi \wedge \psi$）时，D（I_i（ω，$\varphi \wedge \psi$））=（4+D（ω））×D（$\varphi \wedge \psi$）=4D（$\varphi \wedge \psi$）+D（ω）×D（$\varphi \wedge \psi$）=4+D（ω）+（4+D（ω））×max（D（φ），D（ψ）），而 D（I_i（ω，φ）$\wedge I_i$（ω，ψ））=1+max（（4+D（ω））×D（φ），（4+D（ω））×D（ψ）），所以有 D（I_i（ω，$\varphi \wedge \psi$））＞D（I_i（ω，φ）$\wedge I_i$（ω，ψ））；

（g）当 $\chi = I_i$（ω，$\bigcirc_i \psi$）时，D（I_i（ω，$\bigcirc_i \psi$））=（4+D（ω））×D（$\bigcirc_i \psi$）=4×（1+D（ψ））+D（ω）×（1+D（ψ））=4+4D（ψ）+D（ω）+D（ω）D（ψ），而 D（$\omega \to \bigcirc_i I_i$（$\omega$，$\psi$））=1+max（D（$\omega$），1+D（$\bigcirc_i I_i$（$\omega$，$\psi$）））=1+max（D（$\omega$），2+4D（$\psi$）+D（$\omega$）D（$\psi$）），所以有 D（$I_i$（$\omega$，$\bigcirc_i \psi$））＞D（$\omega \to \bigcirc_i I_i$（$\omega$，$\psi$））。

综合以上各种情况，基于 D（φ）复杂度归纳法，可得命题成立。

定理 4.19（可靠性） S_{Enl} 是可靠的。

证明：只需证明对于任意 S_{Enl} 模型 $M_{Enl} = \ <S, R_i, \partial >$，皆有 ∂（φ，s）=1，其中 $\varphi \in \{A_{Enl}1 \sim 5\}$，且 M_{Enl} 对于任一 $R_{Enl}x \in \{R_{Enl}1 \sim 3\}$ 保有效。在此只需考虑 $\varphi = A_{Enl}5$ 的情况，其余可以通过常规知道逻辑系统 S_5 给出证明即可。根据"定理 4.18"可得 ∂（$A_{Enl}5$，s）=1，所以 S_{Enl} 是可靠的。

定理 4.20（完全性） S_{Enl} 是完全的。

证明：令公式 $\varphi \in$ Form（L_{Enl}），假设 ∂（φ，s）=1，则根据"定理

4.18"有⊢ζ（φ）↔φ。再由"定理4.19"有∂（ζ（φ），s）＝1。再由
"定理4.18"有⊢ζ（φ）。再由"定理4.18"有⊢φ。因此，S_{Enl}是完全的。

三、机锋认知机制

机锋博弈的表象是一种策略博弈行为，机锋博弈的意旨却在于纠正学人的迷妄不实，以期众生获得本心的证悟。在机锋博弈的"表象"与"意旨"之间似乎存在着一个难以逾越的鸿沟：如何能够通过机锋的言说来启发不可言说的本心？这就在于机锋博弈的认知机制。机锋博弈的认知机制通过如下六个阶段，在机锋博弈行为与机锋博弈意旨之间建立了沟通的桥梁，如图4.5所示。

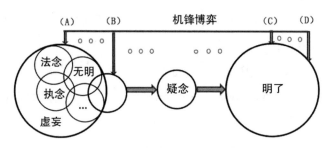

图4.5　机锋博弈的认知机制

（1）首先，施机者通过机锋博弈的方式，以机锋的言语为载体引诱出另一方的认知状态。此阶段的机锋博弈（A）是诱导式的启悟功能。

（2）其次，施机者根据机锋A所引发的认知状态来判断接机者的参悟程度，并继续给予施机（B）。

（3）接着，若接机者在机锋博弈中陷入思维困境，便到了"疑念"的认知状态。

（4）然后，接机者若是在疑念中自我突破，即是实现了"启悟"的作用，此时接机者获得"明了"的认知状态。

（5）此时，施机者可以继续施机（C），以便勘验接机者是否已经真的开悟。

（6）最后，若经勘验发现接机者确然已经开悟，则施机者可以再施机（D），以便接机者对悟性的巩固。

对于上述过程，需要进一步明确两点：其一，以上六个阶段是完整阶段，其中（1）至（4）四个阶段是比较常见的机锋博弈交际实现过程；其二，在（A）、（B）、（C）与（D）之间（即图4.5所示的省略符）可以有多次的机锋博弈。

现在有了前面给出的机锋启悟公理系统 S_{Enl}，我们就可以在一定范围内运用这一公理系统，对上述机锋博弈过程进行形式描述。特别是依据机锋博弈启悟的特征公理（$A_{Enl}5$），来进行学人开悟与否的推导。如果禅师给出了禅机 ω，学人 i 通过聆听 ω 而明了禅境 φ，可以表示为 I_i（ω，$\bigcirc_i\varphi$）。在通过（$A_{Enl}5$）I_i（ω，$\bigcirc_i\varphi$）$\leftrightarrow$（$\omega\rightarrow\bigcirc_i I_i$（$\omega$，$\varphi$）），就可以获得学人 i 是通过聆取 ω 而明了自己是通过聆听 ω 而明了禅境 φ 的。在这样一个机锋博弈过程中，学人 i 不但经历了上述六个阶段中（1）至（4）而获得明了认知状态，而且学人明白自己是如何活动明了认知状态的，因此也可以经受第（5）和（6）的检验。

当然，在具体禅法实践中，会出现更为复杂的机锋博弈状况。比如仅仅临济禅师，就将接引学人的机锋问答分为四种状况，即第一章第一节所介绍的"四宾主"。既然宾主问答有这样的四种差别，那么针对不同慧根程度的学人，施以启发方式也应该不同。所以，临济禅师遵循因材施教的原则，采取"四料拣"的四种应对接机策略，以及更为普适的四种照用策略。对于这些更加复杂的情形，要全面覆盖所有接机场景的形式推导，我们的启悟逻辑系统还难以落实。

机锋博弈启悟，在认知上要达到"大道不称，大辩不言"状态。这是一种不可思议、只可意会的认知境界。"不可思议"不仅不可言说，而且也不可思辨。因此机锋启悟的终极目标，就是要使博弈双方都达成无所得的境界。对此，慧海禅师在《顿悟入道要门论》中有明确的答复。"问：欲修何法，即得解脱。答：唯有顿悟一门，即得解脱。云何为顿悟。答：顿者，顿除妄念。悟者，悟无所得。"[①] 禅悟境界本来就是无法可得，又何必执念于机锋博弈之得失！

---

① 慧海：《顿悟入道要门论》，载蓝吉富《禅宗全书》第39册，台北文殊出版社1988年版，第147页。

第五章　启悟实践

启悟方法的认知解析，仅仅停留在前面三章的理论描述之上是不完整的。作为一种长期流传的禅悟修持方法，对其修持效果进行科学验证尤为重要。在本章中，我们介绍一种称为乐易启悟修持方案、环节和途径；然后在第六章再组织被试进行启悟修持的科学实验分析，以说明启悟效验。本章分为三节。第一节"乐易启悟方案"，介绍乐易启悟方案，包括乐易启悟原理、规章制度以及步骤过程。第二节"乐易启发环节"，介绍乐易启发环节及其内容。第三节"静虑辅助系统"，介绍我们开发的一种静虑辅助系统，该系统可以帮助修持者更加有效地进行打坐静虑练习。

第一节　乐易启悟方案

乐易启悟修持是我们在乐易心法研修培训活动中形成的一种具体禅悟修持方法①。乐易启悟修持涵盖了主要的禅法实践途径，以期为科学检验提供一种可以进行实证的禅修方案。在组织禅修培训活动的方式上，乐易启悟修持采用以"易"安"禅"的策略。所谓以"易"安"禅"，就是遵循"刚柔相摩，八卦相荡"的易道洗心原则，将禅修功法融入八卦系统的组织框架之中。如此我们可以更好地发挥禅修功法的修持效果。在本节中，我们将系统介绍乐易启悟修持原理、制度和过程的完整方案。

---

① 周昌乐：《博学切问》，厦门大学出版社 2015 年版，第 209 - 211 页。

一、乐易启悟原理

在修持策略上，禅宗强调定慧为本。定为体，是指真如本体，就是唯识论强调的种子识。慧为用，是指般若作用，就是唯识论强调的末那识。所以可以将定慧关系对应到互为其根的阴阳关系。于是，就可以运用易道阴阳之说，来映射定慧之法。定为阴静，定静的目的要惩忿窒欲，是"显诸仁"，对应慈悲。慧为阳动，慧动的目的要去妄除昧，是"藏诸用"，对应智慧。所以定慧双修对应的就是仁智双运，以到达明心见性的目标。其实，这种借用易道阴阳原理来阐述禅法历史上不乏先例。

唐代石头希迁就运用阴阳回互之说，仿效《周易参同契》作有《参同契》[1]。到了圭峰宗密禅师，更是援引易道而入圆相，结合"月体纳甲图"，作有"阿赖耶识圆相双十重结构图"。宗密禅师用圆相表示真如本体，以坎离匡廓图表示般若作用。后来沩仰宗圆相之用和曹洞宗君臣五位之论，都与此有关。

到了明代，智旭大师将禅法与易道结合得更为密切，明确提出"易禅"之说，著有《周易禅解》一书。在该书后面的"校刻易禅纪事"中，记有智旭禅师所言："圣人悟无言而示有言，学者因有言而悟无言。"[2] 便是确立了"易禅悟无言"的宗旨。那么如何通过有言之"易书"来修炼无言之"道"呢？智旭认为："圣人体乾道而为智慧，智慧如男。体坤道而为禅定，禅定如女。……乾易坤简以配至德，是知天人、性修、境观、因果无不具在易书之中。"[3] 于是，通过智旭禅师的论述，"定慧为禅"就对应为"乾坤为易"了。

当然"易之为书也不可远，为道也屡迁，变动不居，周流六虚，上下无常，刚柔相易，不可为典要，唯变所适。"[4] 对此，智旭也有着自己独

---

[1]　智昭：《人天眼目》，载蓝吉富《禅宗全书》第32册，台北文殊出版社1988年版，第327-328页。

[2]　智旭：《周易禅解》，九州出版社2004年版，第327页。

[3]　智旭：《周易禅解》，九州出版社2004年版，第252-259页。

[4]　王弼注、韩康伯注、孔颖达正义：《周易正义》，中国致公出版社2009年版，第298页。

到的见解。智旭认为："虽云不可为典要，实有一定不易之典常也。然苟非其人，安能读《易》即悟易理，全以易理而为躬行实践自利利他之妙行哉！"①

注意，不易之"易"，非"容易"之"易"，而是"位易"之"易"。《易纬·乾凿度》卷上曰："不易也者，其位也。天在上，地在下，君面南，臣面北，父坐子伏，此其不易也。"② 这里所谓"位"，指的是不可更改的定位，如"天地定位"之类。禅法即为通智达仁之方法，自然不可更改，所谓不易成位。

对于乐易启悟修持来说，具体八卦定位的功能对应可以按照《周易·说卦》来规定。《周易·说卦》曰："乾，健也；坤，顺也。震，动也；巽，入也。坎，陷也；离，丽也。艮，止也；兑，说也。"③ 对此，智旭在《周易禅解》中解释指出："健则可以体道，顺则可以致道。动则可以趋道，入则可以造道。陷则可以养道，丽则可以不违于道。止则可以安道，说则可以行道。此八卦之德也。"④

所以，我们据此微言大义，强调"刚柔相摩，八卦相荡"的原则，按照天地自然之图中阴阳互根不易之理，形成乐易启悟修持方案。

首先我们依据《帛书三索本象图》来给出八卦定位，如图5.1所示。在图5.1中，八卦的方位按照《周易·说卦》中三男三女的三索次序来确定，跟先天八卦图和后天八卦图都不同。

然后我们再依据帛书周易《说卦》中所言"天地定位，山泽通气，火水相射，雷风相搏"的交易准绳⑤，并按照"数往者顺"（乾息自上而下，从乾至震为顺行）与"知来者逆"（坤消自下而上，从坤至巽为逆行），将八个经卦两两结成四对作为修炼的步骤。

---

① 智旭：《周易禅解》，九州出版社2004年版，第289页。
② 林忠军：《易纬导读》，齐鲁书社2002年版，第78页。
③ 王弼注、韩康伯注、孔颖达正义：《周易正义》，中国致公出版社2009年版，第309页。
④ 智旭：《周易禅解》，九州出版社2004年版，第299页。
⑤ 张立文：《帛书周易注释》，中州古籍出版社2008年修订版，第12页。

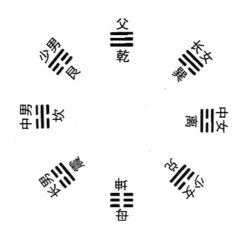

图5.1　帛书三索本象图

于是，乐易启悟修持就形成了如下四个具体修持步骤。（1）天地定位：否极泰来（从自强不息到厚德载物）；（2）山泽通气：损以咸成（从思不出位到朋友讲习）；（3）火水相射：未济既就（从明昭四方到德行习事）；（4）雷风相搏：恒久益行（从恐惧修省到申命行事）。这里面涉及步骤含义，参见表5.1以及本节"乐易启悟修持过程"的内容。

乐易启悟修持的根本宗旨是要遵循《周易·系辞》所言："极天下之赜者存乎卦，鼓天下之动者存乎辞，化而裁之存乎变，推而行之存乎通，神而明之存乎其人。默而成之，不言而信，存乎德行。"① 对于这最后的"存乎德行"，智旭解释道："德行者，体乾坤之道而修定慧，由定慧而彻见自心之易理者也。"② 因此乐易启悟修持的目的就是要"存乎德行"，而乐易启悟修持的途径不外乎"默而成之，不言而信"。

二、乐易启悟制度

在乐易启悟修持的具体培训中，我们根据学员报名人数多少编组实施。每组接纳8位学员，最多不超过4组32位学员。考虑到图5.1中乾息顺行与

---

① 王弼注、韩康伯注、孔颖达正义：《周易正义》，中国致公出版社2009年版，第278页。

② 智旭：《周易禅解》，九州出版社2004年版，第274页。

坤消逆行的经卦顺序,我们规定经卦八进制数编码为:乾0、艮1、坎2、震3、巽4、离5、兑6、坤7。然后按照图5.1中相对经卦两两互易配对,可以形成八个重卦编码为:否卦(07)、损卦(16)、既济(25)、恒卦(34)、益卦(43)、未济(52)、咸卦(61)、泰卦(70)。因此,我们采用的学员编码方案,如表5.1所示(其中X用于标识组别,可取为元、亨、利、贞等)。在表5.1中8位学员的编码蕴意,从否塞到通泰则构成了禅法修持取得效益的历程。

表5.1 乐易启悟修持培训学员编组方案

序号	姓名	卦象	编码	蕴意
1	召集人	乾宫否卦(乾上坤下)	X07	内柔外刚
2		艮宫损卦(艮上兑下)	X16	惩忿窒欲
3		坎宫既济(坎上离下)	X25	辨物居方
4		震宫恒卦(震上巽下)	X34	立不易方
5		巽宫益卦(巽上震下)	X43	迁善改过
6		离宫未济(离上坎下)	X52	思患豫防
7		兑宫咸卦(兑上艮下)	X61	以虚受人
8	辅导员	坤宫泰卦(坤上乾下)	X70	内刚外柔

禅修学员经报名录取之后,须先签署知情承诺书。然后学员主动接受心理测验,并为参加集中禅修培训做好先期准备工作。确定培训日期后,学员按照指定日期、地点,报到入住。学员报到之后要求上交手机(培训期间禁止使用,由培训方代为保管),然后领取禅修材料(主要包括惠能大师《无相颂》、临济禅师《上堂法语》、慈受禅师《小参警众》、学员须知、作息时间表、学员编组名单、学员本参公案)。领取了禅修材料,学员参加所在组别小组会议听取注意事项,然后学员回房阅读禅修材料。

表5.2 乐易启悟修持培训作息时间表

起始	终止	任务
6：00	6：30	起床、洗漱
6：30	7：00	坐禅修持或看取话头
7：00	7：30	经行修持
7：30	8：30	早餐（收拾餐桌）
8：30	10：30	落堂开示
10：30	12：00	浸泡、请益、机锋环节
12：00	13：00	午餐（收拾餐桌）
13：00	14：00	坐禅修持、参究公案
14：00	15：30	分组学习当日材料
15：30	17：30	同修叩请（每组30分钟）
17：30	18：00	经行修持
18：00	19：00	晚餐（收拾餐桌）
19：00	19：30	坐禅修持或看取话头
19：30	20：45	浸泡、请益、机锋等环节
20：45	21：00	诵读心经
21：00	21：30	洗漱、闭门思过
21：30	6：00	熄灯入睡

　　乐易启悟修持培训主要以禅法体系为修持方法，按照规定作息时间开展具体的禅法修持活动，如表5.2所示。每日定时习禅修持、收摄身心以了彻大事。习禅修持主要包括各种修持功法环节，其修持要领分述如下。

　　（1）坐禅之法。每当坐禅之时，以小组为单位集体进行。小组成员按照帛书三索本象图八卦方位外向坐定。坐禅可以采用莲花坐姿，也可以采用半莲花坐姿。所谓莲花坐姿，就是先以右足安于左股上，然后再以左足安于右股上。所谓半莲花坐姿，仅以左足压右股之上即可。坐姿落定之后，再将右手安放在左足之上、左掌安放在右掌之上，并使两大拇指面相拄触。静虑之前，先须正身端坐，不得左侧右倾、前躬后仰。要令耳与肩对齐、鼻与脐对齐，舌挂上腭、唇齿相合。然后将身体左右摇振，确保没有拘谨局促之感，然后安稳坐定。静虑时，眼睛微开、鼻息微通，然后先做一次深呼吸。至于具体静虑要领，每天都按照进度有具体指导。

（2）看取话头。所谓话头，原是禅宗公案中的紧要语，后来演化为固定的发问，如"念佛是谁"。看取话头，就是要将话头放在心头，时时提撕。看取话头就是为了打破生死疑情根源，以期一通百通。看取话头也可以看作是一种专注静虑修持途径。看取话头要求修持者做到专注一境而去掉杂乱纷飞之念，使得意念集中到指定的话头之上。为了方便学员参修，每天都有具体指导。

（3）经行之法。经行也称行禅。具体方法是选择平坦之地，南北三十二步往返，学员于中经行。经行时双手姿势有明确要求：先伸展左手，以大指屈于掌中，以余四指把握大指作拳状；再用右手去把握左手腕；然后将相握两手置于小腹前。经行开始前，学员先伫立休息片刻，集中注意。开始经行时，行走不要太急或太缓，久之可先缓后急、渐归紧凑。经行中要专注于行走，不要分心。行至界畔，便要逐日回身（面向追随太阳行走方向转身），返回来处。经行往返两次为一轮。一轮结束后，需要伫立休息片刻，然后如前再行。注意行走时开目，伫立闭目。如果久行稍有疲倦，就结束经行。

（4）公案参究。每位学员均授予专属个人的禅宗公案，称为本参公案，学员当专注参究。古话说生死事大，能了却生死，方是自在人。那么如何了却生死？学员要盯住禅宗公案，时时提撕，一刻也不放松。参到紧要关头，学员还须还本溯源，反观当下之心，方能不被公案所惑。参究公案贵在生发疑情。咬定疑情，参到死去活来之时，突然回头转脑，疑情悟彻，便是死生解脱之时。此便是公案参究之要。

（5）同修叩请。学员按组集中参加同修叩请活动。学员按照帛书三索本象图八卦方位内向坐定。小组辅导员先于蒲团边立，宣布同修叩请开始。然后学员之间进行讨论，踊跃发表见解，充分交流心得。导师如有时间，可以参加同修叩请活动。学员可以向导师咨询叩问，导师则针对学员提问加以引导解惑。

（6）意识浸泡。同修叩请结束，学员可以开展15分钟意识浸泡活动，以期理入慧解、体悟禅理。学员放松心情，通过意识浸泡，来达到某个"朦胧的所在"（混沌边缘）。浸泡久之，学员或有不期而遇的灵光一现，利用潜意识到意识的转换契机！意识浸泡活动，也可以在自由活动中自行安排。

（7）念诵经典。学员集体晚睡之前，须诵读《般若波罗蜜多心经》，由各小组集中进行。由小组召集人领诵，小组全体学员齐诵，须要缓缓声朗诵。经典念诵结束，学员自行归房、洗漱。最后闭门思过，并检点一天的修持表现。

（8）机锋博弈。自由活动时间，学员可以开展机锋博弈训练。同住两位学员置身其境对诵指定机锋公案，开展模拟机锋训练。对诵经典机锋公案，学员当勤精进，慎勿放逸，着重体悟其中机缘禅境。机锋博弈凌厉相向，可以夺人夺境。学员通过施机接引，可以立断迷妄。如此庶几可以引导学员明心见性。

（9）请益问法。学员自由时间，可以敦请导师开导。通过请益活动，导师可以勘验学员得失，策其未至，正其邪执。学员请益时必须诚心，先要告知导师助理，由助理领至室外等候。然后助理通告导师，导师同意方可领学员进室请益。学员敦请导师开导前，当将自己平生参学尽情发露、毫无隐藏。导师自然慈心，对学员妄念邪执痛加针剳，以期提携学员进步。开导结束，学员要起立拜谢。请益是修持重要一环，学员不可放逸自恣、空延岁月，辜负平生参学之志。

乐易启悟修持方案是针对慧根中上者制定的培训方案，因此以上修持功法主要偏向于克期取证的顿悟途径。按照禅七制度规定，整个培训方案前后一共七日。首先报到日后半天，举行开启式。然后进入为期六天的乐易启悟修持过程。最后返回日前半日，举行结束式。整个培训结束后，学员即可以自行离开培训场所。

三、乐易启悟过程

在为期六日的培训过程中，首先是"禅法顿悟"的介绍。然后学员依次开展天地定位、山泽通气、火水相射和风雷相薄的启悟训练。最后学员进入

"心性勘验"程序。整个方案培训过程，学员禅修以参究话头"乐易是谁"为主，辅之以静虑修持、公案参究、机锋博弈等措施。在方案实施中，每天导师都要举行《落堂开示》讲解禅修要领。学员则按照禅修要领进行参修。如此轮转各个修持环节，完成如下六天修持培训过程。这里仅仅给出六天培训环节的要领，每个环节的详细论述，参见本章第二节内容。

第一天　禅法顿悟（刚柔相摩）

开启式举办后的第二天，进入六天修持培训首日正式培训。举行第一场开示，向学员介绍培训方案。开示的内容首先介绍乐易启悟修持培训内容，包括讲解易道洗心的基本原理和方法；其次强调学员深刻认识体悟天道对于指导幸福生活的重要性；以及最后指出学员了解改变不良行为习惯、获得良好心理品质，乃至明心见性的根本途径。开示结束后，助理向学员发放对应的辅修材料：澄观禅师《答问心要》、静虑要领《观想鼻端》、辅助乐曲《专注一境》。最后，在学员学习领会辅修资料的同时，导师陆续与每位学员进行机锋交流，了解学员已有修持境界。

第二天　仁智双运（天地定位）

学员以期心性显发，应当遵循仁智双运宗旨。仁智双运可以达成乾坤和合之几，从而使心性打成一片。《周易·说卦》指出："乾，天也，故称乎父。坤，地也，故称乎母。"① 乾天，健也，用也，智也；坤地，顺也，能也，仁也。可见乾坤对应的仁智是一切心理表现之父母，而"显诸仁，藏诸用"则是心性存养的根本途径。乾智刚健，君子以自强不息；坤仁柔顺，君子以厚德载物；两者和合则易道行化。如此便可运智安仁以明道复性，此乃顿悟心要。举行第二场开示。开示结束后，助理向学员发放对应的辅修材料：希迁禅师《参同契》、静虑要领《收视返听》、辅助乐曲《专注一境》。学员自己结合辅修材料，按照开示要领参修。

第三天　观止同修（山泽通气）

心性修持以观止为入手，以提高学员的寂照能力。止，然后能静寂；观，

---

① 王弼注、韩康伯注、孔颖达正义：《周易正义》，中国致公出版社 2009 年版，第310 页。

然后能悦照，故仁智双运要以观止同修为先导。《周易·说卦》曰："艮三索而得男，故谓之少男。兑三索而得女，故谓之少女。"[1] 艮山，止也；兑泽，说也。艮止静寂其心，兑说动观其性。观止同修可得心性之初生，学员悟道有始。明心之法非艮兑相感不可，所以山泽通气可以使心性豁然通明。举行第三场开示。开示结束后，助理向学员发放的辅修材料：正觉禅师《默照铭》、静虑要领《体感正念》、辅助乐曲《艮背行庭》。学员自己结合辅修材料，按照开示要领参修。

第四天　定慧并举（火水相射）

止，然后能入定；观，然后能明慧。所以观止同修之后，必继以定慧并举。《周易·说卦》曰："坎再索而得男，故谓之中男。离再索而得女，故谓之中女。"[2] 坎水，陷也；离火，丽也。禅修坎坷险难，顿悟禅境不易，需要诚心和信心。诚心需要自明，慧照其性；信心但求自坚，以定安其心。定慧并举可达心性之中途，学员悟道有期。至诚坚信非动之以火水相射不能至，所以定慧并举就是顿悟悬解之法。举行第四场开示。开示结束后，助理向学员发放对应的辅修材料：僧璨大师《信心铭》、静虑要领《神聚当下》、辅助乐曲《艮背行庭》。学员自己结合辅修材料，按照开示要领参修。

第五天　爱敬俱立（雷风相搏）

心性修持以爱敬为效验、以提升仁智能力为目标。须知诚敬当以慈爱为心，所以，心性修持必归结到爱敬俱立。《周易·说卦》曰："震一索而得男，故谓之长男。巽一索而得女，故谓之长女。"[3] 震雷，动也；巽风，入也。入者，风行以爱人；动者，雷厉以敬天。爱敬俱立可获心性之长成，学员悟道有终。慈爱诚敬是为自利利他立本之道。爱敬俱立，学员当以优良的心理品质去实践幸福美好的人生。举行第五场开示。开示结束后，助理向学员发放

---

[1]　王弼注、韩康伯注、孔颖达正义：《周易正义》，中国致公出版社 2009 年版，第310 页。

[2]　王弼注、韩康伯注、孔颖达正义：《周易正义》，中国致公出版社 2009 年版，第310 页。

[3]　王弼注、韩康伯注、孔颖达正义：《周易正义》，中国致公出版社 2009 年版，第310 页。

对应的辅修材料：大隐禅师《四字龟鉴》、静虑要领《秘密内观》、辅助乐曲《寂照正念》。学员自己结合辅修材料，按照开示要领参修。

第六天　心性勘验（阴阳互根）

诸位学员经过上述顿悟禅法历练，最后一关就是导师的心性勘验。勘验的目的就是要了解学员禅修境界的程度，为此需要分别对每位学员进行勘验以观效果。因此培训结束之际，举行第六场开示。开示结束后，助理向学员发放对应的辅助材料：良价禅师《宝镜三昧》、静虑要领《慈悲悦性》、辅助乐曲《寂照正念》。为了明确培训效果，学员须根据辅助材料自行进行心性勘验。同时导师再次陆续与每位学员进行机锋交流，了解学员所达到的禅修境界。学员勘验交流全部完成后，整个培训过程宣告结束。

总之，通过七日来复的乐易启悟修持培训，期望学员最终达成禅悟状态、明心见性。即使学员不能一时觉悟，起码可以提升心理素质、完善心理品质、提高心理能力，从而改善生活品质。比如，通过乐易启悟修持培训，学员不仅可以缓解生活压力、提高专注力以及强化记忆力和戒断不良习惯，而且可以减少负面情绪、改善睡眠与亚健康状况以及促进和谐人际关系的重建。这些已为针对乐易启悟修持所开展的认知科学实验所证实。

第二节　乐易启发环节

禅法是参禅悟道方便法门的总称，或称为禅悟方法。唐代宗密在《禅源诸诠集都序》中对其有比较全面的说明："禅是天竺之语，具云禅那，中华翻为思惟修，亦名静虑，皆定慧之通称也。……悟之名慧，修之名定，定慧通称为禅那。……然禅定一行最为神妙，能发起性上无漏智慧。一切妙用万德万行，乃至神通光明，皆从定发。故三乘学人欲求圣道必须修禅，离此无门，离此无路。"[①] 所以在禅宗看来，禅法也是一种最上乘的修持方法。

---

① 宗密：《禅源诸诠集都序》，载蓝吉富《禅宗全书》第 31 册，台北文殊出版社 1988 年版，第 5 页。

一、仁智顿悟宗旨

禅法修持入道主要有两种途径，即所谓智慧与慈悲。智慧由理入，慈悲由行入，所以早期禅宗强调理入与行入。在禅宗初祖达摩所著的《小室六门》中，就强调理行二入法门。达摩指出："夫入道多途，要而言之，不出二种。一是理入，二是行入。理入者，谓藉教悟宗，深信含生同一真性，俱为客尘妄想所覆，不能显了。若也舍妄归真，凝住壁观，无自无他，凡圣等一，坚住不移，更不随于文教。此即与理冥符，无有分别，寂然无为，名之理入。行入者，谓四行，其余诸行悉入此中。何等四耶？一报冤行，二随缘行，三无所求行，四称法行。"①　这里报冤行大意是，对坎坷磨难要遇怨无诉；随缘行大意是，对因缘得失要随遇而安；无所求行大意是，对欲乐利养要一无所求；称法行大意则是，对所作所为要与法相称。

简单地讲，"行入"是对行事而论，强调日常生活都要体现禅法精神。当然在日常生活中能否体现"行入"要求，就看人们能否时时彰显本性了。"理入"则需要智慧除妄去昧，通过禅机契合来唤起本心（也称真心）。

大颠禅师指出："但除却一切妄运想念，见量即汝真心。"②　须知唤起真心是真识，非思议分别可得，全靠智慧扫除妄念。所以，智旭在《周易禅解》中指出："欲修禅定，须假智慧。自无正智，又无明师良友，瞎炼盲修，则堕坑落堑不待言矣。君子知几，宁舍蒲团之功，访求知识为妙。"③　"君子知几"，强调智慧作用的关键不过就是"知几"而已。

如果对象思维活动属于现识与分别识，那么禅悟除妄去昧以至无心就属于唯识学中的"真识"。"真识"刻意寻觅之所以不可得，是因为意识自明性的缘故。所谓"有心栽花花不开，无心插柳柳成行"。因此，有意觅之不得，不如不觅、释然而得。所以，"君子见几而作，不俟终日。"禅悟也然，非执着可得，所谓"知则失"。对于仁智本心，当体即是，拟向即乖。为了阐述这

① 净慧：《禅宗名著选编》，书目文献出版社1994年版，第5页。
② 普济：《五灯会元》，苏渊雷点校，中华书局1984年版，第265页。
③ 智旭：《周易禅解》，九州出版社2004年版，第35页。

其中的道理，我们举个"南泉斩猫"公案加以启发。

据《禅宗无门关》记载："南泉和尚，因东西两堂争猫儿，泉乃提起云大众：道得即救，道不得即斩却也。众无对，泉遂斩之。晚赵州外归，泉举似州，州乃脱履安头上而出。泉云：子若在，即救得猫儿。"① 读者明白其中的禅机了吗？如果不能明白，我们换个"薛定谔的猫"思想实验作进一步的说明。

"薛定谔的猫"假设的场景是这样的：在一个安装有量子装置的封闭箱子里，关着一只猫。如果该量子装置发生量子衰变，那么装置就会释放一把锤子。释放的锤子会打碎一个装有氰化物的瓶子，于是瓶子释放出氰化物毒气，结果杀死了猫。当然如果没有发生量子衰变，那么猫就不会被杀死。薛定锷认为根据量子力学，箱子里的猫应该是处在又死又活的叠加态。显然猫处在又死又活的状态，难以为人们常规思维所理解。但实际上这种死活叠加态，揭示的恰恰就是万物的本性。如果再加以引申，禅宗所强调生发万法的那个本心，又何尝不是一种不可分辨的叠加态呢！

毫无疑问，从禅宗的角度看，心性确实也是智慧与仁爱的纠缠性叠加态。智慧主知，学而得之；仁爱主行，习而得之。仁智相互纠缠不分离，人们便可明心见性。"理入"要依靠智慧，"行入"需显现仁爱。因此仁智双运，便是禅宗顿悟法门的根本之道。

《周易·说卦》曰："乾以君之，坤以藏之。"② 仁智双运，用易道洗心的原理讲就是"显诸仁，藏诸用"。"显诸仁"是"以此洗心"的目的，重在仁爱体验之藏，对应到坤象，所谓"坤以藏之"。"藏诸用"则是通过"退藏于密"来达成，重在智慧秘密之主，对应到乾象，所谓"乾以君之"。

坤卦《象》曰："地势坤，君子以厚德载物。"③ 智旭在《周易禅解》中

---

① 慧开：《禅宗无门关》，载蓝吉富《禅宗全书》第87册，台北文殊出版社1988年版，第8页。

② 王弼注、韩康伯注、孔颖达正义：《周易正义》，中国致公出版社2009年版，第307页。

③ 王弼注、韩康伯注、孔颖达正义：《周易正义》，中国致公出版社2009年版，第33页。

解释说："坤者，顺也。在天为阴，在地为柔，在人为仁。在性为寂，在修为止。顺则所行无逆，故亦元亨，其在君子之体，坤德以修道也。"① 仁者，就是善性之所谓，是人人本来就拥有的本性。人们之所以有不善之恶习，皆引蔽习染的结果。或者认为人性不善，其实就是因为长期受到不良环境影响，引蔽习染而蒙蔽了本性。因此，学道修行首先要"显诸仁"，恢复所藏本善之性。

那么如何才能够将蒙蔽的本性之仁，重新恢复起来呢？这便是要运用知（智）性，以助自在之心达成，使之能够与万物同体而任运善性。所谓"藏诸用"就是"退藏于密"，此时便需要有乾以君之的功夫，即自强不息使其所行无碍。乾卦之义，即所谓万物资始、各正性命、保合大和。智旭曰："乾者，健也。在天为阳，在地为刚，在人为智为义。在性为照，在修为观。"② 强调的都是乾德的智慧修持之要。

当然，乾坤相须以达天地交泰，方能打成一片。泰卦之义贵在"外柔内刚、上达下交"。智旭对泰卦的解释是："夫为下者每难于上达，而为上者每难于下交。今小往而达于上，大来而交于下，此所以为泰而吉亨也。……约佛法，则化道已行，而法门通泰。"不过"若起似道法爱，则修德不合性德之天，而万行俱不通也。"③ 这里"万行俱不通"便是否塞之困，即遇"内柔外刚"之时，不可不慎！

因此，真正的智慧，一定是没有任何法执之念，全靠秘密认知！秘密认知是"君子知几"的重要途径。所谓秘密认知就是一种不思而得的直觉体悟。因此，唯有通过秘密认知，才能去除意向性。或者说去意向性就是一种不做任何意向努力的本于无住。因而唯有去意向性可以达成心性的显现，维持仁爱与智慧的叠加态。为了形象说明这种秘密认知能力的蕴意所指，我们举一则禅宗公案加以启发。

唐代惠安禅师是五祖弘忍大师的法嗣，常在嵩山传法，寿长一百二十八

---

① 智旭：《周易禅解》，九州出版社 2004 年版，第 20 页。
② 智旭：《周易禅解》，九州出版社 2004 年版，第 3 页。
③ 智旭：《周易禅解》，九州出版社 2004 年版，第 65 页，第 69 页。

岁（隋开皇二年出生，唐景龙三年圆寂，时称老安国师）。"有坦然、怀让二僧来参问曰：如何是祖师西来意？师曰：何不问自己意？曰：如何是自己意？师曰：当观密作用。曰：如何是密作用？师以目开合示之。（坦）然于言下知归，（怀）让乃即谒曹溪。"①

这里的"密作用"就是退藏于密的"藏诸用"。切记，秘密认知"悟无所得"，本无着力处，所以也称如来智慧。（根据慧远《诸法无诤三昧法门》的记载）有人问佛："世尊，如来一切智慧，从何处得？"佛答曰："无有得处！"② 留下这则公案请诸位读者参悟：如来智慧可得乎？如来智慧不可得乎？

为了读者进一步领悟那个"密作用"，再来参究一则"中邑猕猴"公案。"仰山问中邑：如何是佛性义？邑云：我与尔说个譬喻，汝便会也。譬如一室有六窗，内有一猕猴，外有猕猴从东边唤狌狌，猕猴即应。如是六窗，俱唤俱应。仰乃礼拜：适蒙和尚指示，某有个疑处。邑曰：你有甚么疑？仰曰：只如内猕猴睡时，外猕猴欲与相见，又作么生？邑下禅床，执仰山手曰：狌狌我与你相见了。"③ 这则公案涉及"我是谁（自我本性）"之问，非秘密认知不能解其惑。或许读者理解了"沼泽人"思想实验，方可明白。

美国哲学家戴维森20世纪80年代提出一个被称为"沼泽人（swamp man）"的思想实验。"沼泽人"思想实验假设的情形是：某个人出门去散步，在经过一个沼泽边上的时候，不幸地被闪电击中而死亡。与此同时在他的旁边正好也有一束闪电击中了沼泽，十分罕见的是这个落雷和沼泽发生了反应，产生了一个与刚才死掉的人完全相同的生物。我们将这个新产生的生物叫作沼泽人。沼泽人在原子级别上与原来那个人的构造完全相同，外观也完全一样。当然被雷击之人死前的大脑状态也完全被复制了下来，也就是沼泽人的记忆、认知和情感等看起来也与死去的人完全一样。走出沼泽的沼泽人就像刚死去的人一样边散步边回到了家中。然后沼泽人打开了刚死去那人的家门，和刚死去那人的家人打电话，接着读着刚死去那人没读完的书边睡去。第二

---

① 普济：《五灯会元》，苏渊雷点校，中华书局1984年版，第72页。
② 石峻：《中国佛教思想资料选编》，中华书局1981年版，第336页。
③ 普济：《五灯会元》，苏渊雷点校，中华书局1984年版，第1209页。

天早上起床后，沼泽人到刚死去那人的公司上班。总之，一切生活照常。试问沼泽人与原来那位某人是同一的吗？

沼泽人思想实验给我们提出了一个十分深刻的个人身份同一性问题。因此，为了彻底从人生困惑中走出，认识自我也成为人生修养最为基本的问题。从禅宗的角度看，沼泽人思想实验所要揭示的就是自我本性，因此，可以对比到禅宗对自我本性的认识之上。比如禅宗六祖惠能的发问："不思善不思恶，正与么时那个是明上座本来面目？"[1] 临济禅师上堂开示指出："赤肉团上，有一无位真人，常在汝等诸人面门出入。"[2] 这些发问或提示，都涉及对自我本性的认识问题。

现在回到"中邑猕猴"公案的参究，诸位读者是否同样可以明白什么才是真我，从而突破牢笼束缚？"中邑猕猴"公案虽然不像沼泽人那样有具体生动的情景描述，但照样提出了同样的命题。倘若读者有点慧根，通过"中邑猕猴"公案的参悟，是一样可以明白自己的"本来面目"，从而通达心性到达了悟境界。

从前面的分析中可以清楚，心性的了悟便是回归到智仁和谐的叠加态，充分体现整体关联性。因此，所谓了悟，用体验去感悟而不是用思虑去求索，这便是所谓的智慧。智慧就是佛教中的般若，也可以称之为秘密认知能力，有"不著一智，尽得性空"之功效。通过这样的秘密认知，去除意向性的纯粹意识体验便可不期而至。

总之，运智安仁、还原心性、易道行化，此便是禅悟解悬的不易顿悟心要。萧统《解二谛义令旨》有答问指出："明道之方，其由非一，举要论之，不出智境。"[3] 智慧既得可以显仁，这就是仁智双运的期许。

二、观止定慧措施

除了前面确立的仁智双运禅法宗旨之外，为了能够有效开展禅法修持，

---

[1]　河北禅学研究所：《禅宗七经》，宗教文化出版社1997年版，第328页。

[2]　普济：《五灯会元》，苏渊雷点校，中华书局1984年版，第662页。

[3]　石峻：《中国佛教思想资料选编》，中华书局1981年版，第328页。

我们还必须有一些具体的措施。在这些具体措施之中，首当其冲就是观止同修的静虑途径，可以辅助诸位获得心性之征兆。《周易·说卦》曰："艮以止之，兑以说之。"① 在古代传统心法流布中，艮止之法可以静虑其心，兑说之法则可以动悦其性。静虑是止念，动悦为观性，因此，我们可以依据"山泽通气"原则来开展观止同修的践行。

首先艮卦卦辞曰："艮其背，不获其身。行其庭，不见其人，无咎。"② 可见艮止为"无咎"之法。艮止修持先应"艮其背"，强调专注其背而忘其身（忘物）；然后"行其庭"，勿忘勿助而忘其人（忘我）；最后两厢结合达到物我两忘，所谓身心俱舍。

实际上，艮止是非常重要的心性修持途径。宋代理学宗师程颢甚至说："看一部《华严经》，不如看一个《艮》卦。"③ 人们之所以难以去除情欲妄念而显心性，全是因为心乱不静之故。所以，治心要反其道而行，艮止其情欲妄念，让心复归于静则乱念不生。

艮止修持的"艮其背"，就是将注意力全部集中在背部，努力达到专注一境。只要能够持之以恒，静虑者就一定能够达到专注状态。正如智旭所说："夫人之一身，五官备于面，而五脏司之。五脏居于腹，而一背系之。然玄黄朱紫陈于前，则纷然情起。若陈于背，则浑然罔知。故世人皆以背为止也。然背之止也，纵令五官竞骛于情欲，而仍自寂然。"④ 这便是专注于背部的作用效果。

当然"艮其背"只是艮止修持的第一个阶段，而整个艮止修持虽然要求从背上做功夫，最终却需要归根到"行庭"之上。所以，在念念皆归于背之后，更需要达到内外两忘（内心不乱，外不着相，无住生心），以收拾所放之心。因此，接着要再行意念周遍全身之法，勿忘勿助而忘我。艮止修持最后

---

① 王弼注、韩康伯注、孔颖达正义：《周易正义》，中国致公出版社 2009 年版，第 307 页。

② 王弼注、韩康伯注、孔颖达正义：《周易正义》，中国致公出版社 2009 年版，第 209 页。

③ 程颢、程颐：《二程遗书》，上海古籍出版社 2000 年版，第 132 页。

④ 智旭：《周易禅解》，九州出版社 2004 年版，第 205 页。

要达到忘身无己，这才是"艮背行庭"方法的要诀。

修习静虑之法，一开始最怕妄想纷飞；但工夫久了，却要防止昏沉死寂。必须明白，要想防止昏沉死寂以助心性显现，人们便要动悦其性。其实，工夫用到一定程度，就会发现静易动难。也就是说，静中用功容易，动中用功不容易。如果静虑者在寂静的同时能够动观其灵照之性，则为真定者。

孔子说："知者动，仁者静。知者乐，仁者寿。"① 因此反过来讲，要想显诸仁则应"静之"；要想藏诸用则当"悦之"。在解释兑卦时智旭指出："入则自得，自得则说。自得则人亦得之，人得之则人亦说之矣。"② 注意，这里的"说"就是"兑悦"之"悦"，强调的就是"兑悦"作用。

所以，作为观止同修的一种最高境界功夫，宏智正觉提出了寂照相须之法。宏智正觉在《坐禅箴》指出："佛佛要机，祖祖机要。不触事而知，不对缘而照。不触事而知，其知自微。不对缘而照，其照自妙。其知自微，曾无分别之思。其照自妙，曾无毫忽之兆。曾无分别之思，其知无偶而奇。曾无毫忽之兆，其照无取而了。水清彻底兮，鱼行迟迟。空阔莫涯兮，鸟飞杳杳。"③ 读者需要仔细体悟其中的妙旨，方可明白观止同修的微妙作用。

万物虚妄不实，对于忿欲唯有损之又损，才能够通过惩忿窒欲的寂照之法来复观心性。在解释损卦时智旭指出："惑既治矣，从此增道损生，此观心言损矣。"④ 如此才能"以虚受人"，达到感而遂通之境，所谓损以咸成。何为"咸成"？在解释咸卦时智旭指出："艮得乾之上爻而为少男，如初心有定之慧，慧不失定者也。兑得坤之上爻而为少女，如初心有慧之定，定不失慧者也。互为能所，互为感应，故名为咸。"⑤ 也就是说，艮为少男，代表有定之慧；兑为少女，代表有慧之定；所以艮止兑悦，就是定慧初心之修，两者相合而成"咸（感）"。

---

① 何晏注、邢昺疏：《论语注疏》，北京大学出版社1999年版，第79页。
② 智旭：《周易禅解》，九州出版社2004年版，第227页。
③ 宏智：《宏智正觉禅师广录》，载蓝吉富《禅宗全书》第44册，台北文殊出版社1988年版，第559页。
④ 智旭：《周易禅解》，九州出版社2004年版，第168页。
⑤ 智旭：《周易禅解》，九州出版社2004年版，第133页。

要想明悟此间相"咸"之理，我们来参究"不识牛迹"公案。"（天台山寒山子）因赵州游天台，路次相逢。山见牛迹，问州曰：上座还识牛么？州曰：不识。山指牛迹曰：此是五百罗汉游山。州曰：既是罗汉，为什么却作牛去？山曰：苍天，苍天！州呵呵大笑。山曰：作什么？州曰：苍天，苍天！山曰：这厮儿宛有大人之作。"① 诸位读者，读此公案，牛迹还在心中挥之不去吗？如果不能参悟"不识牛迹"公案，我们换成葛梯尔的"空地奶牛（The Cow in the Field）"思想实验作进一步说明。

"空地上的奶牛"描述的情形是：一个农民担心自己获奖的奶牛走丢了。这时送奶工到了农场，并告诉农民不要担心，因为他看到那头奶牛在附近的一块空地上。虽然农民很相信送奶工，但还是亲自去看了看，并看到了熟悉的黑白相间毛色的"奶牛"。过了一会儿，送奶工到那块空地上再次确认。送奶工发现那头奶牛确实在那，但它却躲在树林里。送奶工还发现，空地上还有一大张黑白相间的纸缠在树上。很明显，农民是把这张黑白相间的纸，错当成自己的奶牛了。于是问题就出现了：虽然奶牛一直都在空地上，但农民说自己知道奶牛在空地上是否确切？

在这个实验中，农民相信奶牛在空地上，并且被送奶工的证词和他自己的观察所证实。而且后来经过送奶工再次查看，证实奶牛在空地上这件事也是真实的。尽管如此，农民并没有真正地知道奶牛在那儿，因为他认为奶牛在那儿的推导建立在错误的感知上。反过来讲，我们日常生活中所有感知接受的所谓事实，是不是也都虚妄不实，从而使我们的心性受到了蒙蔽？

如果是这样，那么只有去除一切不实表象和虚妄证据，才能发现真相！对于心性修养也一样，只有摒弃所有虚妄纷飞的乱念，心性才能洞明而静悦。进而只有心性洞明静悦，人们才能心活而无累；心活无累，人们才能成就自在之境。

当然，观止同修也非一蹴而就之事，需要耐心地持之以恒。只有不断坚持修炼，方能日见功夫从而达到愉悦心活之境界。所以，艮卦《象》曰：

---

① 普济：《五灯会元》，苏渊雷点校，中华书局1984年版，第121页。

"艮，止也。时止则止，时行则行，动静不失其时，其道光明。"① 当止则止，是为静虑之止；当行则行，则为动悦之行；行止适得其所，其道必然光明。

禅法修持坎坷险难，获得"其道光明"自然不易，此时需要诚心和信心。诚心需要自明，以慧照其性；信心但求自坚，以安定其心。禅宗所讲的"定"是指一种超稳定状态，而"慧"则是指一种自我反观能力，因此，禅法就要定慧并举。《周易·说卦》曰："雨以润之，日以晅之。"② "雨以润之"是为坎水（比喻定力），"日以晅之"则为离火（比喻慧力）。据此可见，禅宗顿悟心性的达成，非动之以火水相射不可。

坎水，陷也，可以历练信心。坎卦《彖》说："水流而不盈，行险而不失其信。维心亨，乃以刚中也。"③ 就是说，习坎亨通必须唯心有孚，即要有内在信心。智旭指出："然世出世法，不患有重沓之险难，但患无出险之良图。诚能如此卦之，中实有孚，深信一切境界皆唯心所现，则亨而行有尚矣。又何险之不可济哉？"④ 应该说在修持的征途上必定心路坎坷、困苦险阻无限，只有树立信心有定力才能最终明心见性。

当然，自信心与诚明心是相辅相成的一体两面：自信心可以促成诚明心，反过来诚明心的获得自然也可以成就自信心。一方面自诚而明可以见性；另一方面自明而诚通过明心来见性。后者的自明而诚，就是易道"离丽见性"修持的途径。

慧照如火方能洞察心性，然后"自明诚"。顿悟自诚之法，其要旨就是：离火照其心，则自明之心生；自明之心生，则心性自能显。所以修持训练培养"诚心"当以离明为主。智旭指出："（离卦）约观心，则境发之时，必丽

---

① 王弼注、韩康伯注、孔颖达正义：《周易正义》，中国致公出版社 2009 年版，第 210 页。

② 王弼注、韩康伯注、孔颖达正义：《周易正义》，中国致公出版社 2009 年版，第 307 页。

③ 王弼注、韩康伯注、孔颖达正义：《周易正义》，中国致公出版社 2009 年版，第 133 页。

④ 智旭：《周易禅解》，九州出版社 2004 年版，第 127 页。

正观以销阴。……喻正定能生妙慧。"①

应该说禅法修持的定慧并举就是一种回互相资之法。只有定慧两者相互依存作用，待几而发，方可顿入禅境。如果定慧两者不能相资，则坎离失位而陷入未济之境。对此未济之境，"君子以思患而豫防之"②。如果禅修者已入未济，那么如何解救？智旭的策略是："然未济而欲求济，须老成，须决断，须首尾一致。"③

唯有老成有决断之智，方能促使坎离正位而成既济之境，定慧相济适得中道。所以，凡处世谋事均要恪守中道。正如智旭所言："君子之于事，恭以济傲，哀以济易，俭以济奢。凡事适得其中，则无不济者矣。"④

是的，凡事适得其中，则无不济。那么如何才能够"适得其中"呢？须知既济重在"辨物居方"，关键要把握其中相须之"几"。《周易·系辞》指出："（子曰）知几其神乎？君子上交不谄，下交不渎，其知几乎！几者，动之微。吉之先见者也。君子见几而作，不俟终日。"⑤ 所谓"几者，动之微"，是指不确定性动态微小扰动。通俗地讲，"几"介乎动静之间，是动中有静，静中有动。刚动为阳智，柔静为阴仁，因此，仁智相互依存作用的微妙之几最为关键。因为仁智依存之几，不仅是顿悟心性的突变机关，也是维护心性生生不息的源泉。

至于"知几其神乎"的"神"，强调就是"神而明"的结果。慧远在《弘明集》卷五有云："神也者，圆应无生，妙尽无名，感物而动，假数而行。感物而非物，故物化而不灭；假数而非数，故数尽而不穷。"⑥ 神而所明者，即是"圆应无住"的本心，唯有智慧观照，然后可以显现。所以惠能曰："自

---

① 智旭：《周易禅解》，九州出版社 2004 年版，第 130 页。

② 王弼注、韩康伯注、孔颖达正义：《周易正义》，中国致公出版社 2009 年版，第 244 页。

③ 智旭：《周易禅解》，九州出版社 2004 年版，第 248 页。

④ 智旭：《周易禅解》，九州出版社 2004 年版，第 245 页。

⑤ 王弼注、韩康伯注、孔颖达正义：《周易正义》，中国致公出版社 2009 年版，第 292－293 页。

⑥ 慧远：《弘明集》，转引自赖永海《中国佛性论》，中国青年出版社 1999 年版，第 41 页。

性心地，以智慧观照，内外明彻，识自本心。"① 如何"识自本心"？请读者诸位参究如下"岩唤主人"公案。

据《禅宗无门关》记载："瑞岩彦和尚，每日自唤主人公，复自应诺。乃云：惺惺着喏，他时异日，莫受人瞒。喏喏。"② 诸位读者是否能"莫受人瞒"，识得自己的主人公而顿悟本心？如果一时不能识得，我们换个"缸中之脑（The Brain in a Vat）"思想实验来给出进一步提示说明。

美国哲学家普特南"缸中之脑"的构想情形是：想象有一个疯狂科学家把你的大脑从你的体内取出，放在某种生命维持液体中。大脑上插着电极，电极连到一台能产生图像和感官信号的电脑上。因为你获取的所有关于这个世界的信息都通过你的大脑来处理，这台电脑就有能力模拟你的日常体验。如果这确实可能的话，你要如何来证明你周围的世界是真实的，而不是由一台电脑产生的某种虚拟环境？

这个思想实验的核心思想是让人们质疑自身经历的真实性，并思考作为一个人的真正存在是什么。庄子用"庄生梦蝶"来提出这个问题，而笛卡尔用他的经典名言"我思故我在"来回答这个问题。不幸的是"缸中之脑"思想实验更为复杂，因为连接电脑的大脑仍然可以思考。这个思想实验的核心问题是：你究竟如何才能知道什么是真实的？惠能说："故知一切万法，尽在自身心中。何不从于自心，顿见真如本性。《菩萨戒经》云：本源自性清净。识心见性，自成佛道。即时豁然，还得本心。"③

所以，要想跳出"缸中之脑"思想实验的陷阱，答案就是"何不从于自心，顿见真如本性"。进一步要"顿见真如本性"，靠的就是"识心见性，自成佛道"。所以，不管是诚明显性的达成，还是信通定心的炼就，都离不开自己的秘密认知能力。我们前面已经提及，秘密认知能力就是去意向性。禅法

---

① 惠能：《敦煌坛经合校简注》，李申合校、方广锠简注，山西古籍出版社1999年版，第46页。

② 慧开：《禅宗无门关》，载蓝吉富《禅宗全书》第87册，台北文殊出版社1988年版，第7页。

③ 惠能：《敦煌坛经合校简注》，李申合校、方广锠简注，山西古籍出版社1999年版，第45页。

修持就去意向性，任何"住"与"执"都是"头上安头"，只会产生新的意向性。所以，达摩祖师在《小室六门·悟心论》中曰："非有非无心，此名为中道。是知将心求法，则心法俱迷；不将心求法，则心法俱悟。"① 说到底，只有不将心求法者方能达到彻悟。

三、爱敬心性勘验

如果说观止同修倾向于阴柔之仁的修持，那么定慧并举便是倾向于阳刚之智的修持。现在，如果我们将观止之柔和定慧之刚两厢结合，那么就可以完美运用刚柔相济途径，来成就爱敬俱立的效果。

应该说心性修持就是通过"内省不疚"来达到"君子不忧不惧"境界。要做到不忧，就要有仁爱心；要做到不惧，则要有诚敬心。孔子说修己以敬，又说仁者爱人，这便是爱敬俱立的宗旨。智者敬天，仁者爱人。仁智双运达成心性彻悟，则定会有爱敬俱立的效果。当然反过来，修持爱敬之心也必然有助于心性彻悟。

依据易道洗心原则，实现爱敬俱立当运用"雷风相搏"之法。《周易·说卦》曰："雷以动之，风以散之。"② 散之，则风行以爱人；动之，则雷厉以敬天。一方面震雷动其心，则敬畏之心生。所以，存养敬心，当以恐惧修省、敬事克己为要。对于震卦，智旭的解释是："君子不忧不惧，岂俟雷洊震而恐惧修省哉？恐惧修省，正指平日不睹不闻慎独功夫。"③ 另一方面巽入润其心，则慈爱之心生。所以，存养爱心，当以内养善心、外举善行为要。对于巽卦，智旭的解释是："观心释者，增上定学，宜顺于实慧以见性。"④ 所以，敬天爱人应体现在具体生活的每件事情中去，在事事上落实"恭敬"并产生"惠义"效果。

风行以爱人是心性仁善的展现，可以见时义之大，代表"坤作成物"；雷

---

① 净慧：《禅宗名著选编》，书目文献出版社1994年版，第7页。
② 王弼注、韩康伯注、孔颖达正义：《周易正义》，中国致公出版社2009年版，第307页。
③ 智旭：《周易禅解》，九州出版社2004年版，第202页。
④ 智旭：《周易禅解》，九州出版社2004年版，第224页。

厉以敬天是天道智慧的结果，可以见天地之心，代表"乾知大始"。因此，雷风相搏，则必然爱敬俱立。敬悟天道是复性，爱施人道是行善。复性行善则必然自利利他，恰好是爱敬俱立的宗旨，也是见性悟道的表现。所以，爱敬俱立就成为观心所立不易之方、恒久之道。在对恒卦的阐释时智旭指出："恒何以名久？以其道之可久也。震体本坤，则刚上而主之。巽体本乾，则柔下而主之，此刚柔相济之常道也。雷以动之，风以散之，此造物生成之常道也。巽于其内，动乎其外，此人事物理之常道也。刚柔相应，此安立对待之常道也。"①

当然，爱敬俱立要想恒久益行，人们在日常生活中就要学会不断"迁善改过"。智旭说："风以鼓之，迁善之速也。雷以动之，改过之勇也。"② 迁善改过如能恒久，则敬天应乾德，爱人应坤德。人们只有如此德化普施无碍，才能够真正获得智慧刚健与仁善柔顺之美德。刚健则自强不息；柔顺则厚德载物。《周易·文言》曰："坤道其顺乎？承天而时行！"③ 于是仁智双运便可得自在无碍之境。

但是，在生活中人们并非不欲敬天爱人以修善行，而是常因困于善恶取舍之间而不知所措。为了使人们能够明白什么才是真正的善恶，从而超越功利性行善之心，让我们来参究一则"檐枷带锁"公案。

据《五灯会元》记载："僧问：如何是修善行人？（嵩山峻极）师曰：檐枷带锁。曰：如何是作恶行人？师曰：修禅入定。曰：某甲浅机，请师直指。师曰：汝问我恶，恶不从善；汝问我善，善不从恶。僧良久。师曰：会么？曰：不会。师曰：恶人无善念，善人无恶心。所以，道善恶如浮云，俱无起灭处。僧于言下大悟。"④ 诸位读者是否也言下大悟了吗？真正明白何为善恶之分吗？如果依然不能明白，我们换个"电车难题（The Trolley Problem）"思想实验加以进一步说明。

① 智旭：《周易禅解》，九州出版社 2004 年版，第 137－138 页。
② 智旭：《周易禅解》，九州出版社 2004 年版，第 172 页。
③ 王弼注、韩康伯注、孔颖达正义：《周易正义》，中国致公出版社 2009 年版，第 36 页。
④ 普济：《五灯会元》，苏渊雷点校，中华书局 1984 年版，第 81 页。

哲学家福特提出的"电车难题"设想的情形大致是：一个疯子把五个无辜的人绑在电车轨道上。一辆失控的电车朝他们驶来，并且片刻后就要辗轧到他们。幸运的是，你可以拉一个拉杆，让电车开到另一条轨道上。但是那个疯子在那另一条轨道上也绑了一个人。考虑以上状况，如果你是当事人，你是否应该拉拉杆？如果采用非善即恶的二元思维，"电车难题"就会让人陷入道德选择困境之中，也就是说根本就不存在完全的道德行为。

那么如何跳出"电车难题"遭遇的道德困境呢？赵州禅师有言：我不下地狱谁下地狱！为了成就他人之幸福，甘愿自己下地狱也在所不辞，这才是真正的仁者！在这其中，关键是要升华到仁者爱人的无我之境！永嘉玄觉禅师作《观心十门》云："依报与空相应，则施与劫夺，何得何失？心与空不空相应，则爱见都忘，慈悲普救。"① 须知，世事本无是非，是非源自于心，心存善念则人与事无不善。去除得失是非之心，便不生恶意。因此要行善集义，先要存心养性；然后直行将去，便是至善。

人类最为基本的能力包括两个方面：第一个方面是情感能力，其核心是仁爱；另一个方面是认知能力，其核心是智慧。仁爱与智慧互根互惠，是我们每个人固有的心理能力。仁智心理能力不但不是引起心理紊乱的原因，而且也是其他美好心理素质的动因。因此，要平息心理紊乱，就是要恢复人类核心的仁智心理能力。

智旭在《周易禅解》中说："惟仁可以安身，惟知可以易语，惟力可以定交。仁是断德，知是智德，力是利他恩德。有此三者，不求益而自益。"② 其实，从《周易·系辞》中的论述不难看出，对人类基本能力的认识也是强调阴柔之"仁"（用阴爻表征）与阳刚之"知"（用阳爻表征）。仁与智两者相辅相成便是心性，构成了一切心理品质组合的基础。因此，从这个意义上讲，乐易启悟修持的培训目标，就是和合仁爱与智慧以期心性显现的达成。具体说，就是要从生生不息之道出发，来调和显现积极优良的心理品质，从而让人们自觉赢得日用美满的幸福生活。

---

① 普济：《五灯会元》，苏渊雷点校，中华书局1984年版，第93页。
② 智旭：《周易禅解》，九州出版社2004年版，第285页。

至于如何判断修持者是否达成了心性的显现？或者如何衡量习禅修持者所到达修养境界程度？这便是所谓心性勘验问题。禅宗四祖道信在《入道安心要方便法门》就此问题给出了具体的标准："知学者有四种人：有行有解有证，上上人；无行有解有证，中上人；有行有解无证，中下人；有行无解无证，下下人也。"① 简单说，道信用"行""解""证"三个方面来勘验"学者"。

如果一定要与仁智品行相关联，那么道信所说的"行"主要考察的是"仁爱"表现；道信所说的"解"主要考察的是"智慧"表现；最后道信所说的"证"则是对应着"仁智"合一证悟的考察。因此，从道信的勘验标准上看，中上人必须有解有证，中下人则有行无证，因此，"证悟"最为关键。

学员是否"证悟"可以通过参究"他是阿谁"公案来勘验。据《禅宗无门关》记载："东山演师祖曰：释迦弥勒犹是他奴，且道他是阿谁？"② 诸位读者解悟了"他是阿谁"公案了吗？如果没有解悟，或许可以通过考察普鲁塔克的"特修斯之船（The Ship of Theseus）"思想实验来获得灵感。

"特修斯之船"假设的情形是：一艘可以在海上航行几百年的船，归功于不间断的维修和替换部件。只要一块木板腐烂了，它就会被替换掉。以此类推，直到所有的功能部件都不再是最开始的了。那么问题来了，最终形成的这艘船是否依然还是原初的特修斯之船？如果不是原来的船，那么在什么时候它不再是原来的船了呢？

现在诸位读者透彻"他是阿谁"了吗？须知未悟之人，不离因果；彻悟之人，不昧因果！"他是阿谁"还应对得来吗？但愿经过上述乐易启悟修持启发环节的系统论述，诸位读者能够进入任运自在之极地：道行圆成。只有到了道行圆成，才是禅法修持千圣不传的向上一路，得无住之心，任运自在。

---

① 道信：《入道安心要方便法门》，载蓝吉富《禅宗全书》第 1 册，台北文殊出版社1988 年版，第 13 页。
② 慧开：《禅宗无门关》，载蓝吉富《禅宗全书》第 87 册，台北文殊出版社 1988 年版，第 15 页。

第三节 静虑辅助系统

静虑也称为冥想，而坐禅是冥想的一种形式。冥想是乐易启悟修持方案的一项修持功法。在乐易启悟修持方案中，这项修持功法具体分为观想鼻端专注、默照禅观正念和慈悲悦性坐忘三个步骤。为了更加便捷有效地指导禅修活动，在禅修学员集中培训结束后，可以使用我们开发的静虑辅助系统继续进行冥想修持。静虑辅助系统利用冥想大脑脑电产生的变化规律，通过神经反馈途径来辅助冥想训练，以达到更好的修持效果①。

一、神经反馈实验

神经反馈（Neurofeedback）是一种临床医疗技术，主要是利用脑电图分析技术让被治疗者查看自己脑电图的状态。这样就能够依靠人脑的自我调节和人脑的可塑性来反复强化正确的意识状态，从而达到更好的神经治疗效果②。结合人工智能技术，将神经反馈原理应用到冥想修持活动之中，就可以构建智能冥想神经反馈系统，如图 5.2 所示。

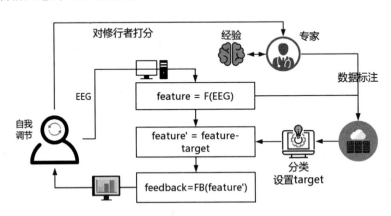

图 5.2 智能冥想神经反馈系统

---

① 徐昊：《智能冥想神经反馈系统》，硕士学位论文，厦门大学，2018 年。

② Robert Coben and James R. Evans, *Neurofeedback and Neuromodulation Techniques and Applications*, London：Academic Press, 2011, pp. 45 –79.

在智能冥想神经反馈系统中，禅修导师对冥想脑电数据（EEG data）进行标注，而将寻找数据特征（feature）和设置目标（target）的工作交由机器学习算法完成。然后根据数据特征与设置目标之间的特征差异（feature'），通过反馈函数（FB（feature'））转化为反馈信息（feedback），反馈给冥想者。

智能系统是专家经验知识和特定智能能力的有效延伸。通过使用智能系统，我们可以将禅修导师的经验知识保存在数据库和分类器中，让这些经验知识为更多的冥想练习者服务。一般智能冥想神经反馈系统的"智能"体现在如下三方面：第一，采用机器监督学习算法可以延伸禅修导师的经验知识。第二，在冥想神经反馈领域体现人工智能技术的应用。第三，可以对人脑、冥想以及智能有更深刻的理解。

为了开发智能冥想神经反馈系统，我们首先针对乐易启悟修持方案的冥想过程进行了脑电实验。在实验过程中，被试佩戴 Emotiv EPOC 便携式脑电仪进行数据采集，采样频率为 128Hz。考虑到大脑前额叶脑区与冥想关联程度最大，因此在我们的实验中，除了以左右两个乳突电极作为参照外，我们只关注前额叶 F3 电极的脑电数据。当然为了保障实验数据的可靠性，我们同时把 F4 电极的脑电数据作为备用。

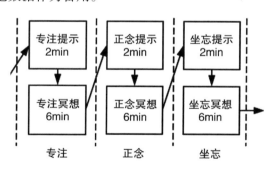

图 5.3　三类冥想修持步骤

在采集脑电数据的实验过程中，共有 20 名被试分别进行了专注 – 正念 – 坐忘三阶段冥想，如图 5.3 所示。在被试正式开始冥想前，首先进行 15 分钟静息收心。静息收心的目的是要被试者消除杂念并安静下来，所获取的脑电数据作为基准数据。然后对每位被试依次分别进行如下三个步骤静虑冥想修持的脑电数据采集。

（a）专注冥想提示　　　（b）正念冥想提示　　　（c）坐忘冥想提示

图5.4　三类冥想提示材料

第一步骤为8分钟专注冥想（采用观想鼻端法）：先呈现2分钟动画和文字提示供被试把握专注要点，再进行6分钟专注冥想。专注提示材料如图5.4（a）所示。专注提示动画内容是：红色亮点不断从头顶蓝色大脑处流向鼻端处，试图让被试体会将意念集中至鼻端的感觉。专注文字提示为："提高对自己身体、内心的觉知，专注一境。"

第二步骤为8分钟正念冥想（采用默照禅观法）：先呈现2分钟动画和文字提示供被试把握正念要点，再进行6分钟正念冥想。正念提示材料如图5.4（b）所示。正念提示动画内容是：图中人形的体内和体外不断冒出新的图形。当有新的图形出现时，表示有新的体内或体外的念头出现。此时蓝色大脑的颜色变亮，表示意念接纳了这些新的念头。正念提示动画试图让被试体会不控制意念而仅仅是接纳念头的感觉。正念文字提示为："不刻意控制意识活动，让它自由流淌，任它生灭。"

第三步骤为8分钟坐忘冥想（采用慈悲悦性法）：先呈现2分钟动画和文字提示供被试把握坐忘要点，再进行6分钟坐忘冥想。坐忘提示材料如图5.4（c）所示。坐忘提示动画是：一开始头脑处有蓝色图形（代表意念），并不断放大、颜色不断变浅。然后蓝色图形突破被试的身体，渐渐融入整个背景之中，表示自身的意念消失。此刻被试应该能体会到物我两忘、无住生心并与周围环境融为一体的感觉。坐忘文字提示为："把慈悲感受与觉知能力融为一体。"

对禅修者三个阶段冥想的脑电进行采集，我们可以获得15维特征向量的脑电数据。在对采集得到的脑电数据进行回归分析之后，我们采用机器学习算法对脑电数据进行分类。结果我们获得了禅修者高水平的冥想脑电图样例，识别准确率超过90%。最后通过与静息态脑电基准数据进行对比分析，我们提出了冥想脑电个性化校准方案。这样我们就为构建智能冥想神经反馈系统，提供了评判识别冥想水平的依据①。

二、智能辅助冥想

有了高水平识别冥想状态的评判依据，就可以设计并实现智能冥想神经反馈系统。我们采用机器监督学习方式，针对乐易启悟修持的静虑冥想修持需求，来对系统的功能、界面、交互进行全面构建。

首先依据神经反馈功能实现以及乐易启悟修持方案的要求，我们所构建智能冥想神经反馈系统应该满足如下 6 个方面的需求。

（1）准确而完整地采集并保存用户冥想脑电原始数据。

（2）实现用户能够对自己产生的脑电图数据进行标记的功能，包括填写冥想心得体会、标记冥想类别。

（3）禅修导师和系统管理员能够对用户的冥想水平进行评价打分。

（4）随着冥想脑电数据不断增加或更新，系统监督学习算法可以及时进行更新分类结果，使系统永远保持最佳的分类性能。

（5）系统应尽可能简洁美观、操作方便，能够让用户很快进入冥想状态，并提供社区功能，方便冥想修持者之间的交流。

（6）脑电图采集设备应采用手机或平板电脑等移动设备作为用户端，并使用无线通信接入方式（比如蓝牙协议接入方式）。

满足上述全部 6 条需要，我们构建了一个智能冥想神经反馈系统，其架构设计如图 5.5 所示。整个系统构成包括禅修导师专家、禅修者、脑电图采集设备、移动设备和云计算服务五个有机部分。我们将着重介绍前端移动设备（移动端）、用户界面设计和后端计算服务（服务端）三个部分的数据处理、数据挖掘和软件开发工作。

---

① 徐昊、黄敏、周昌乐：《用于冥想神经反馈系统的脑电图数据挖掘研究》，《厦门大学学报》（自然科学版），2018 年第 2 期，第 258－264 页。

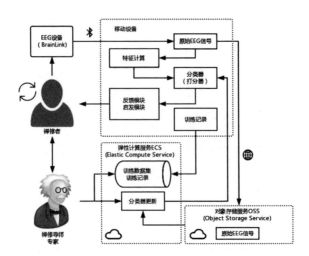

图 5.5　智能冥想神经反馈系统架构图

在前端处理中，我们采用 BrainLink 脑电仪作为脑电信号采集设备，脑电数据采样和输出频率为 512Hz。我们进一步采用 NeuroSky 公司的 ThinkGear ASIC 智能芯片作为脑电数据处理的核心模块。基于安卓（Android）操作系统，脑电设备提供的应用程序编程接口（API），能够方便实现与移动设备的蓝牙连接及数据传输。

我们采用的脑电设备能够自动计算 Delta（1Hz – 3Hz）、Theta（4Hz – 7Hz）、Alpha1（8Hz – 9Hz）、Alpha2（10Hz – 12Hz）、Beta1（13Hz – 17Hz）、Beta2（18Hz – 30Hz）、Gamma1（31Hz – 40Hz）、Gamma2（41Hz – 50Hz）频段的能量，"注意力"和"放松度"两个电子感觉（eSense）参数，以及传感器与皮肤接触良好程度的参数。提供的所有这些参数，其输出频率均以 1Hz 为单位，非常方便后续的神经反馈进一步的计算分析。

除了脑电设备的数据采集之外，我们开发的智能冥想神经反馈各个模块构成关系如图 5.5 所示。我们就各个模块的主要功能简要描述如下。

（1）"原始 EEG 信号"模块：主要执行预处理功能，包括负责接收来自脑电图采集设备发送的脑电图信号、将原始脑电图信号保存到对象存储服务（OSS）上、以及对脑电图信号进行筛选和分段。

（2）"特征计算"模块：将"原始 EEG 信号"模块预处理后的脑电图信号转换为 15 维特征向量。

（3）"分类器"模块：负责实时计算 15 维特征向量的评分，以及接受从云端服务器上时常更新的新分类器。

（4）"反馈（启发）"模块：依据分类器的评分，向用户恰当地反馈分数情况，或恰当地进行启发式引导。

（5）"训练记录"模块：记录用户每次训练的脑电图数据，将训练情况及用户进行关联标记并上传到云端数据库中。

（6）"训练数据集、训练记录"模块：存储着用户的训练记录，禅修导师可以随时更新用户的评分、查看用户的训练情况。

（7）"分类器更新"模块：定期执行分类器的更新任务，从"训练数据集"模块和对象存储服务上分别获取最新用户评分以及原始脑电图数据。然后按照预处理－信号处理－数据挖掘的顺序计算并更新分类器模型参数，为移动端的用户提供分类器更新服务。

（8）"对象存储服务"模块：接收并保存原始脑电图数据信号，供"分类器更新"模块使用，同时也为更多后续研究积累脑电图数据。

作为一个与用户发生交互联系的应用系统，除了上述 8 个方面系统内部功能模块的实现之外，我们还需要给出一个友好的系统界面。系统的界面设计不仅是为了给用户展现系统的软件功能和服务理念，而且也是接受用户操作命令的主要部分。因此我们下面就来着重介绍智能冥想神经反馈系统的用户界面设计。

三、用户界面设计

系统界面设计的质量直接影响用户体验的好坏，也会影响用户使用软件的积极性。我们希望设计的界面能尽可能地传达禅法修持的整体风貌，传达禅修导师、修持者们的主观意图。同时我们也希望设计的界面能给用户一种清净感和美感，突出打坐冥想这一功能，减少娱乐和浮躁之风。

在系统界面的背景主调设计上，我们选用莲花作为主要意象。莲花具有佛教和哲学双重象征意义：在中国传统文化中，莲花象征一种坚贞、纯洁、谦逊、恬谧的理想人格，而在佛教中莲花则是表示纯净和断灭的神圣象征。

图 5.6（a）是智能冥想神经反馈系统的主界面。当处于主页面时，用户只要正确佩戴上 BrainLink 脑电图采集设备 5 秒后，系统软件自动进入冥想训练功能［如图 5.6（b）所示］。因此，用户无须进行任何手动设置即可开始冥想。在冥想训练环节，界面包括训练时间和反馈图片 2 个内容。用户可以通过点击对应图标来关闭训练时间的显示，以排除时间对冥想的干扰。界面提供的图片是系统的反馈方式，我们用莲花色彩饱和度来表示用户冥想评分的高低：荷花色彩饱和度越高代表用户的冥想做得越好；荷花色彩饱和度越低代表用户冥想做得越不好。我们设计的界面状态之间的切换是渐变的，这样不会给用户带来突兀感。

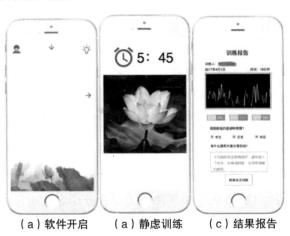

（a）软件开启　　（a）静虑训练　　（c）结果报告

图 5.6　手机软件系统界面

当用户决定结束本次冥想训练时，只需摘下脑电图采集设备，系统就会自动结束脑电图信号的记录与信息反馈，并进入训练总结界面。图 5.6（c）就是冥想总结界面，主要用于显示本次冥想训练的报告。冥想总结界面显示的内容包括训练人员、训练日期和时长、脑电图变化趋势图。

当然，用户还可以对刚刚进行的冥想训练类型进行标注，并与社区修持者分享一些冥想的感悟。当用户输入了分享感悟后，此次的训练数据就会发布在社区消息界面；否则，此次训练数据就仅保存在个人训练记录里。

除了上述反映修持过程控制的界面外，我们还设计了信息设置与显示界面。在图 5.6（a）界面左上角设有用户头像按钮，用户点击该按钮便可进入用户资料设置界面，如图5.7（a）所示。在图5.6（a）界面右上角则设有系统软件使用帮助按钮（发光灯泡），用户点击该按钮则会显示软件操作指南。在5.7（a）界面上，如果用户手指在屏幕中间向上滑动会弹出用户最近30天的冥想训练记录，如图5.7（b）所示；如果用户手指在屏幕中间向下滑动会进入社区消息页面，如图5.7（c）所示。在社区消息页面中可以查看乐易启悟修持培训班的每日读书信息，以及其他用户发布的冥想心得。

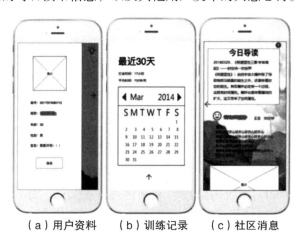

（a）用户资料　　（b）训练记录　　（c）社区消息

图5.7　信息设置与显示界面

在图5.7（a）所示的信息设置与显示界面中，我们设有智能冥想神经反馈系统的用户资料设置界面。用户可以在这个界面设置头像、昵称和宣言。但用户不能修改自己的编号、年龄和性别，因为这些信息只能由管理员进行设置。图5.7（b）是智能冥想神经反馈系统的训练记录界面。在此界面上，用户可以查看自己30天内的训练记录，包括训练时长、训练类别、总时间和平均时间信息。图5.7（c）是智能冥想神经反馈系统的社区消息界面，用户能够在该页面查看到他所在乐易启悟修持培训班的班组社区信息。这些班组社区信息包括当日的文章导读、禅修者的冥想训练心得，以及来自禅修导师、管理员发送的信息（有信息时会在右上角显示感叹号）。

所有界面功能的实现都会涉及智能冥想神经反馈系统的后端计算服务。后端计算服务是由系统管理员来运行操作，主要包括如下四个方面的功能。

（1）用户和班组的初始化：系统管理员将乐易启悟修持培训班的班组编

号、学员基本信息输入系统中；系统在数据库中创建用户的登录信息，并在用户线下参加乐易启悟修持培训班时管理员负责为用户配置移动端软件。用户在社区中看到的是其所在班组的内部消息。

（2）为禅修导师提供学员评分功能：禅修导师能够方便地更新对学员冥想水平的新评价，使学员上传的脑电图数据与他最新的实际冥想水平相吻合。

（3）分类器更新操作：管理员可以手动设置分类器更新操作，或利用任务定时管理工具设置后台自动更新分类器。

（4）发送消息给用户：发送的消息包括导师的指导语、公案，或是鼓励和督促用户进行冥想训练等自定义消息。

系统前后端（移动端和服务器）之间的通信采用 REST 式架构风格，这里 REST 意指表述性状态转移（representational state transfer）。另外系统共使用了 5 个数据库表，分别是用户表（user，保存用户基本信息）、结果表（result，保存冥想结果数据）、用户结果表（user_result，用户和冥想记录的连接表）、消息表（mail，系统内消息）和阅读表（reading，每日读书内容）。系统所使用的云计算服务是由阿里云公司提供得弹性计算服务（ECS）和对象存储服务（OSS）。

总之，通过神经反馈技术的运用，我们针对静虑冥想三个阶段修持的要求，为乐易启悟修持培训后继冥想功法修持提供了辅助工具。我们开发的这一辅助工具，对乐易启悟修持的静虑效果提供了全新的评价方式。因此，这一辅助工具能够让禅修者对自己冥想训练情况有更加准确的了解和把握，并方便禅修者之间的沟通交流。

第六章　启悟效验

　　禅法理论和实践涉及禅境、真如和心性等终极实在的描述内容，往往归于玄学思辨的范畴，难以落实到实际效验的证明。现在由于哲学实验方法的引入，当代认知科学、心理实验和计算分析等实证方法，都为禅法效验的科学实证提供了强有力的研究手段。在本章中，我们就来介绍有关乐易启悟修持方法的科学实验及其效验分析。本章分为三节。第一节"静虑分治功效"，介绍我们关于静虑特别是专注静虑的实验研究工作。第二节"机锋双脑关联"，介绍我们关于机锋会话双脑扫描的实验研究工作。第三节"综合修炼效果"，介绍我们关于乐易启悟修持综合性的实验研究工作。所有这些科学实验研究结果，都为乐易启悟修持的有效性提供了可靠的保证。

第一节　静虑分治功效

　　静虑是一种重要的禅修功法，英语称为 meditation（通译为"冥想"）。已有大量科学实验证实，静虑有助于提高心理品质（专注注意力、认知灵活性、同理共情心），治疗心理疾病，缓解压力、抑郁和焦虑，戒除药物成瘾，提高免疫能力，以及有助于益寿延年[1][2][3]。我们这里不再重复类似的静虑有效性

---

[1]　Klaus B. Bærentsen, et al., "An investigation of Brain Processes Supporting Meditation" *Cognitive Processing*, Vol. 11, No. 1, pp. 57 – 84, October 2010.

[2]　Alberto Chiesa, "Zen Meditation: An Integration of Current Evidence" *Journal of Alternative and Complementary Medicine*, Vol. 15, No. 5, pp. 585 – 592, June 2009.

[3]　Yi – Yuan Tang, Britta K. Hölzel and Michael I. Posner, "The Neuroscience of Mindfulness Meditation" *Nature Reviews Neuroscience*, Vol. 16, No. 4, pp. 213 – 225, March 2015.

实证研究，而是对乐易启悟修持中涉及的静虑功法进行分类比较研究。希望这样的研究，能够有助于指导民众更有效开展静虑功法的修持。

一、静虑神经科学分类

从认知神经科学的角度看，静虑是一种深度放松与加强内化注意相互依存的特殊意识状态①。随着近年来科学界对积极心理效应的关注，各种静虑修持也引起了神经科学家们的广泛关注，开展了众多静虑的认知实验研究工作。根据将近半个世纪的研究成果，通过比较静虑者实验中的 EEG 图式及其脑区活动规律，我们归纳出三种不同的静虑类别。巧合的是，这三类静虑功法正好代表了禅修静虑功法的先后三个不同阶段。

第一种静虑类别是专注静虑，英语文献中常称为 focused attention（聚焦注意）。专注静虑要求静虑者将心思控制聚焦到一个特定对象、一个宗教概念符号、一个口号或一个话头等可辨认的物质或抽象实体之上（如呼吸、鼻端、烛焰、神像、话头等），同时忽略所有其他被认为是分心的印象或回忆。

专注静虑的脑电表现主要是额叶电极的 α（alpha）节律波增幅及其相干性增强。一般认为，专注静虑所产生的脑电图式是感官、运动及一般性心智活动的减少所致。由于 α 节律波的非特定功能对应性，还谈不上与更高级意识状态（如纯粹意识）相关联。除了 α 节律波明显增强之外，大多数研究表明此类静虑的深度修持还与脑电图式的 θ（theta）波、β（beta）波和 γ（gamma）波的激活有关②。研究表明 α 波和 θ 波活动的增加，对应到包括额叶皮层在内许多脑区的放松（relaxation）状态。另有研究表明 θ 波活动似乎

---

① Juergen Fell, Nikolai Axmacher and Sven Haupt, "From Alpha to Gamma: Electrophysiological Correlates of Meditation – related States of Consciousness" *Medical Hypotheses*, Vol. 75, No. 2, pp. 218 – 224, March 2010.

② Antoine Lutz, et al., "Long – term Meditators Self – induce High – amplitude Gamma Synchrony during Mental Practice" *Proceedings of the National Academy of Sciences USA*, Vol. 101, No. 46, pp. 16369 – 16373, November 2004.

关系到体验放松的程度，而 γ 波的激活与注意力集中程度有关①。

在专注静虑期间，脑成像实验研究发现前额叶（prefrontal cortex，PFC）和前扣带回（anterior cingulate cortex，ACC）具有明显一致且持续的活动。"专注一境"状态会导致额区活动增加，特别是前扣带回和背外侧前额叶皮质（dorsolateral prefrontal cortex，DLPFC）的活动增加。此外，专注静虑的修持涉及神经活动增加的其他脑区还包括眶额皮质（orbitofrontal cortex）、旁海马回、脑岛、屏状核（claustrum）、丘脑、基底神经节（包括壳核 putamen）和顶叶皮质脑区等②。

归纳起来，专注静虑之所以对静虑者有益，首先表现在脑的特定认知方面出现强化的 γ 波活动。γ 波的强化可以帮助人们提高注意力、抵御精神衰老以及培养诸如慈悲的心态。其次，由于前额叶对杏仁体自主激活具有抑制作用，而专注静虑的长期修持能够增加前额叶活性，因此专注静虑修持有助于提升情绪的控制能力。另外，专注静虑修持还能防止老年人认知能力衰退，增加抗氧化活力，因此，其对于预防阿尔茨海默症有重要意义。临床应用发现，专注静虑有助于减缓压力与降低血压，还能够有效应对环境变化。

第二种静虑类别是正念静虑，英语文献中称为 mindfulness meditation 或 open monitoring（开放监视）。所谓正念，就是平静地接纳所有的心理意向对象，不做任何的听取、评估、思考或其他主动反应。所以，正念静虑是一种没有意向对象的静虑修持方法。

从正念静虑的脑电活动表现看，θ 波活动明显增强③。θ 波的节律相对低

① L. I. Aftanas and S. A. Golocheikine, "Human Anterior and Frontal Midline Theta and Lower Alpha Reflect Emotionally Positive State and Internalized Attention: High – resolution EEG Investigation of Meditation" *Neuroscience Letters*, Vol. 310, No. 1, pp. 57 – 60, September 2001.

② Baron E. Short, et al., "Regional Brain Activation During Meditation Shows Time and Practice Effects – An Exploratory FMRI Study" *Evidence – Based Complementary and Alternative Medicine*, Vol. 7, No. 1, pp. 121 – 127, September 2010.

③ Jim Lagopoulos, et al., "Increased Theta and Alpha EEG Activity During Nondirective Meditation" *The Journal of Alternative and Complementary Medicine*, Vol. 15, No. 11, pp. 1187 – 1192, November 2009.

频（4Hz－7Hz），经常在幼儿期、放松期、反省或创新状态期间出现。有一项研究实验表明，16位平均有20年正念静虑修持经验的被试，额区有θ脑电活动增强现象①。进一步的考察发现，相对于后部脑区而言，额叶与颞叶中心区θ波功率增强更为明显。对整个脑区平均而言还发现：相对于静息条件，在正念静虑的条件下α波功率也有明显增强；以及相比额区而言，后部脑区的α波有更为明显的增强。这些研究发现表明，正念静虑相比专注静虑的θ波与α波脑电图式有更加明显的改变。

脑成像研究表明，在正念静虑的启动阶段，神经激活衰减出现在内侧额叶区②，以及额叶、枕叶、顶叶和小脑等一些脑区③。在正念静虑的高级阶段，神经激活衰减出现在前额区和扣带回区。显然这样的结果与正念静虑缺乏"意志、动机与情感控制"的描述是一致的④。另外，正念静虑的深化还会导致前后扣带回神经活动衰减，这对于我们看待正念静虑的功效有特别重要的意义。因为后扣带回（posterior cingulate cortex，PCC）脑区活动的衰减，意味着自我加工的调整；前扣带回脑区衰减，则意味着个体的注意主要集中在自我体验上，而不在认知任务上。

正念静虑，涉及没有意向对象的感受性体验。正念者对体验的内容不进行高级操纵与控制。正念静虑的高级阶段涉及无意向性的感受性体验，能够使人更为自觉到自己的精神本性。正因为如此，在西方心理学与医学背景下，正念静虑频繁用于治疗压力、焦虑、忧郁、精神创伤与吸毒成瘾。对于人们寻求放松快节奏生活的感受、观察情感状态与思维模式以便选择更正当的行

---

① Rael Cahn and John Polich, "Meditation States and Traits: EEG, ERP, and Neuroimaging Studies" *Psychological Bulletin*, Vol. 132, No. 2, pp. 180－211, March 2006.

② Norman Farb, et al., "Attending to the Present: Mindfulness Meditation Reveals Distinct Neural Models of Self－reference" *Social Cognitive and Affective Neuroscience*, Vol. 2, No. 4, pp. 313－322, January 2007.

③ Britta K. Hölzel, et al., "Differential Engagement of Anterior Cingulate and Adjacent Medial Frontal Cortex in Adept Meditators and Non－meditators" *Neuroscience Letters*, Vol. 421, No. 1, pp. 16－21, June 2007.

④ Hans C. Lou, et al., "A 15O－H2O PET Study of Meditation and the Resting State of Normal Consciousness" *Human Brain Mapping*, Vol. 7, No. 2, pp. 98－105, February 1999.

为、与环境更加和谐相处以及加强认知与洞察力，正念静虑不失为一种特别有效的修持途径。

第三种静虑类别是坐忘静虑，英语文献中称为 automatic self-transcending（自动自我超越）。坐忘静虑者旨在超越自我。处于坐忘静虑的状态中，根本没有静虑者、静虑修持活动与意向对象之间的区别。坐忘静虑的修持者可以达成所谓无将迎（消解时间）、无内外（消解空间）、无物我（消解心物）的心理状态。坐忘静虑的所谓超越自我，是静虑者不做任何努力的结果，从脑科学角度讲就是涉及"最小的认知控制或操纵"。对此心理状态，深度静虑者的描述是"时间、空间与身体感觉的空白。"

从脑电波的表现看，坐忘静虑修持主要体现为增强的 α1 波活动。α1 波的频率范围是 8Hz-12Hz，往往与闭眼、放松与昏迷状态相关联。被试主观心理努力或睁眼一般引起 α1 波衰减[1]。可能只有对其他静虑功法（包括专注和正念）阶段的超越，静虑者才能够达成自我超越[2][3]。一旦静虑者自然进入这种坐忘状态，就不再需要任何控制。

正念静虑的高级阶段能够引发跨越脑区的 γ 波功率增强现象，因而人们往往把出现这种现象看作是静虑者进入了坐忘状态的标志。有一种正念的高级阶段称为无住慈悲静虑（a non-referential state of love kindness and compassion）。此时，静虑者进入无意向性的"纯粹慈悲"意识状态。有研究表明，静虑者进入纯粹慈悲阶段，可以逐渐自动诱发出一种高度稳定的跨越脑区同步性 γ 波脑电活动。这种长程跨皮层的同步振荡一般出现在额叶与顶叶之间，

① Frederick Travis and Keith R. Wallace, "Autonomic and EEG Patterns during Eyes-closed Rest and Transcendental Meditation (TM) Practice: The Basis for a Neural Model of TM Practice" Conscious Cognition, Vol. 8, No. 3, pp. 302-318, September 1999.

② Russell Hebert, et al., "Enhanced EEG Alpha Time-domain Phase Synchrony during Transcendental Meditation: Implications for Cortical Integration Theory" Signal Processing, Vol. 85, No. 11, pp. 2213-2232, November 2005.

③ Frederick Travis, et al., "Self-referential Awareness: Coherence, Power, and Eloreta Patterns during Eyes-closed Rest, Transcendental Meditation and TM-sidhi Practice" Journal of Cognitive Processing, Vol. 11, No. 1, pp. 21-30, January 2010.

甚至出现在两半球之间①。

额叶与顶叶之间的 γ 波脑电活动同步振荡（称为额顶 γ 波图式）意味着什么？同步振荡表示脑电波的锁相活动，因此，额顶 γ 波图式意味着额顶众多同步发放的神经细胞形成整体活动。静虑修持激活尾状体（caudate）和壳核神经核团（nuclei）又意味着什么？这两个神经核团均位于新纹状体（neo striatum），与我们的额叶运动（frontal motor）、运动前区（premotor）及前额叶皮层均有关涉。因此，这些神经核团的激活对于连续性高级行为与认知习惯的形成起重要作用②。

坐忘静虑所产生的跨越脑区同步脑电波模式，我们认为是两个脑区之间高度纠缠性的体现，也是意识高度整合性的反映。根据这个推测，如果整个大脑新皮层都达成了脑电活动的同步振荡一致性，可能就意味着静虑者真正进入了坐忘状态。于此可以推测，同步振荡的范围越大，也就意味着静虑修持境界程度越高。总之，静虑修持是一个长期的过程，其达到的境界有程度差异，最终达成的坐忘状态就是皮层脑区活动"打成一片"，形成一个整体关联性的意识状态。

二、专注静功脑电实验

上述分析的静虑类别主要从静虑深浅的不同阶段来划分，而对于具体的静虑功法而言，往往三个阶段的类别都包含在修持过程之中。比如在我们的乐易启悟修持培训过程中，静虑功法初级阶段的"观想鼻端""收视返听"属于专注静虑，慢慢进入"体感正念""神聚当下"则是正念静虑，最后深入到"秘密内观""慈悲悦性"阶段就属于坐忘静虑了。

由于正念静虑修持属于无为之法，强调勿忘勿助、无着力处，来自不同

---

① Andrew Newberg, et al., "The Measurement of Regional Cerebral Blood Flow during the Complex Cognitive Task of Meditation: A Preliminary SPECT Study" *Psychiatry Research*, Vol. 106, No. 2, pp. 113 – 122, January 2001.

② Astrid von Stein and Johannes Sarnthein, "Different Frequencies for Different Scales of Cortical Integration: From Local Gamma to Long Range Alpha/theta Synchronization" *International Journal of Psychophysiology*, Vol. 38, No. 3, pp. 301 – 313, December 2000.

传统的途径方法并无本质差异，我们可以将所有的正念静虑功法归并为一类。考虑到前文已经介绍了专注与正念两者之间功法差异的科学研究结果，因此，我们将侧重不同专注静虑功法之间的效率和效果比较。在我们乐易启悟修持的培训过程中，涉及的专注静虑功法主要是经行和坐禅，正好一动一静，代表着两类典型的专注静虑途径。因此，我们专门针对坐禅和经行这两种专注静虑功法来进行脑电对比实验。

实验参与者为 22 名此前无任何静虑练习的成人，签署了知情同意书，参加为期七天的乐易启悟修持培训（培训内容参见第五章第一节第二部分"乐易启悟修持制度"中功法的内容介绍），每天进行坐禅（坐式静虑）和经行（行走静虑）训练。参加七天培训前后均进行脑电数据采集，其中 20 名被试（男 11 例，女 9 例）采集的脑电数据有效。有效被试者均为健康右利手，平均年龄 35.96 ± 8.90，其中博士 1 人，硕士 7 人，学士 9 人，大专 2 人，初中 1 人。实验记录被试在闲坐、散步、坐禅、经行四种状态下的脑电信号。然后对采集到的脑电数据进行分析，提取基于节律的脑电特征、校准特征以消除个体差异。最后用校正后的节奏特征来表示四种状态。具体实验及其数据结果分析介绍如下。

首先是脑电数据的采集。由于被试在经行过程中处于运动状态，因此，移动式脑电采集设备成为研究经行静虑的首选设备。在我们的研究中，脑电数据由一个 14 通道 Emotiv EPOC 装置记录。如图 6.1 所示，其电极分布采用国际 10 - 20 标准电极位置。

 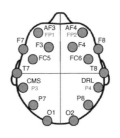

（a）Emotiv EPOC　　　（b）电极位置分布

图 6.1　便捷式脑电仪

在乐易启悟修持培训前后对被试各进行一次数据采集，分别称为前测和后测。前测记录被试闲坐（A1）和散步（A2）状态下的脑电图数据，后测记录被试坐禅静虑（B1）和经行静虑（B2）状态下的脑电图数据。在数据采集期间，闲坐和散步要求被试以正常姿势进行，无特别要求；进行坐禅静虑时，要求被试采用舒适端坐姿势或莲花式姿势进行，并将集中注意力关注于鼻端；进行经行静虑时，要求学员将注意力集中于行走。

在测试闲坐（A1）、散步（A2）、坐禅（B1）和经行（B2）时，每个状态都要求被试持续 15 分钟，并且同步记录脑电信号。在前测中测试闲坐和散步、在后测中测试坐禅和经行的先后顺序是随机的。

脑电数据获取后进行数据预处理。静虑数据预处理过程包括信号分割、伪迹去除和片段选择。在采集数据时，被试可能需要一段时间来调整自己以进入真正的静虑状态。因此，对于总时长为 15 分钟的脑电数据，我们重点关注第 8 ~ 14 分钟的脑电数据，并按照如下步骤进行数据预处理分析。

（1）对于每个被试者，将 15 分钟的脑电信号分成 90 片段，每段 10 秒。

（2）手动移除包含伪迹的片段。

（3）在第 8 ~ 14 分钟内随机选择 12 个片段。

通过上述步骤，我们为每个状态选择 240（12 × 20）个片段作为样本，这样数据样本总数为 960 个。

专注静虑修持主要影响的是前额叶区，因此我们主要研究分析 F3 电极记录的脑电数据特征。考虑到节律特征是反映脑电频谱变化的常用特征，因此，我们采用如下傅立叶变换来计算节奏特征的离散时间序列：

$$X(k) = \sum_{n=1}^{N} x(n) exp\left(-j\frac{2\pi}{N}\right)^{nk}, k = 0, \cdots, N-1$$

在上面给出公式中，X（k）是离散傅立叶系数，N 是可用离散时间序列的长度，x（n）是时域上的脑电输入信号。我们可以通过快速傅立叶变换（FFT）算法来实现上述公式的具体计算。

进一步，我们还计算了 δ（0.5 – 4Hz）、θ（4 – 8Hz）、α（8 – 13Hz）、β（13 – 30Hz）和 γ（30 – 50Hz）频段的脑电功率谱分布。我们用 E_x（x 分别为 δ，θ，α，β 和 γ）表示相应波段的功率值，用 E_{all} 表示所有波段的总功率值。然后计算所有两两功率之间的比值特征：E_α/E_θ、E_β/E_θ、E_γ/E_θ、E_β/E_α、

E_γ/E_α、E_γ/E_β。总之，对每 10 秒的 EEG 片段提取 12 维特征。

由于存在个体差异，不同被试在同一状态下的脑电信号幅度可能有很大差异。因此，有必要对不同个体的特征进行校正，尽可能消除个体差异。我们考虑了两种校正方法：均值校正和标准差校正，均选择坐姿状态的样本作为基线。如果用 $x_{jk}(i)$ 表示为研究对象 i 的 k 次样本的幂特征 j（$j \in \{A_1$，A_2，B_1，$B_2\}$），我们有：

$$x_{jk}(i) \in \{E_\delta, E_\theta, E_\alpha, E_\beta, E_\gamma, E_{all}\}$$

如果记 n_s 是 j 状态下被试 i 的样本数，那么对象基线中幂特征的平均值 $\mu_0(i)$ 和标准差 $\sigma_0(i)$ 分别为：

$$\mu_0(i) = \sum_{k=1}^{n_s} x_{jk}(i) / n_s$$

$$\sigma_0(i) = \sqrt{\frac{\sum_{k=1}^{n_s} \left[x_{jk}(i) - \mu_0(i) \right]^2}{n_s - 1}}$$

如果用 $x_{jk}'(i)$ 表示 $x_{jk}(i)$ 平均校正校准的新特征，用 $x_{jk}''(i)$ 表示 $x_{jk}(i)$ 的标准偏差校正校准的新特征，那么我们通过如下算式来计算这两个新特征的值：

$$x_{jk}'(i) = x_{jk}(i) - \mu_0(i)$$

$$x_{jk}''(i) = \frac{x_{jk}(i) - \mu_0(i)}{\sigma_0(i)}$$

最后使用校准后的功率值重新计算功率比值，于是我们一共获得三组 12 维的脑电特征。将每一种脑电特征 x 和四种状态作为标签分别输入随机森林分类器（Random Forest，简记为 RF），就可以对脑电特征向量进行分类。基于这样的分类，我们就可以对坐禅和经行这两种静虑功法的效率和效果做出科学对比分析。

三、专注静功差异分析

为了验证所提取特征的性能，我们采用公开数据挖掘平台 weka 工具箱进行分类，并采用 10 倍交叉验证法来估计泛化误差。图 6.2 中的箱线图给出了六种波段（δ，θ，α，β，γ 和所有波段 all）功率特征的统计分布（代表所有未经校准功率特征的箱线框，所有图形的垂直轴数字的比例因子为 10000），可以直观地比较闲坐、散步、坐禅和经行四种行为状态的不同表现。在图 6.2 中，数据集的方框图显示了所有频带中的异常值，表示同一状态所诱发神经活动的个体差异。为了消除个体差异的影响，需要对数据进行校准。

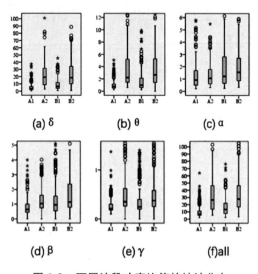

图6.2　不同波段功率比值的统计分布

进一步通过分析四种行为状态在频带上的表现，我们发现闲坐、散步、坐禅和经行四种行为状态具有如下不同的性能差异：

（1）对于 α 节律，坐禅和经行的功率高于闲坐和散步（A1 < A2 < B1 < B2）；

（2）对于 δ、θ、γ 节律，闲坐和坐禅的功率低于散步和经行（A1 < B1 < A2 < B2），原因可能在于散步和经行时身体的运动；

（3）无论是坐姿还是走姿，静虑的功率都高于非静虑的功率（A1 < B1，A2 < B2）；

（4）在静虑状态下，经行功率高于坐禅（B1 < B2）；在非静虑状态下，散步功率高于闲坐（A1 < A2）。

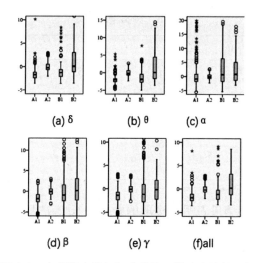

(a) δ　　　　(b) θ　　　　(c) α

(d) β　　　　(e) γ　　　　(f)all

图6.3　在频带内进行标准差校正的功率特性图框

图6.3给出的是带有标准偏差校准的功率特征方框图（所有图形垂直轴上的数字比例因子为1）。结果表明不同波段的功率特征具有相似的尺度。比如在原始特征中，闲坐状态的平均值是［52725，9928，13042，8179，2656］，而在标准差校准特征中，相同状态的平均值为［－1.68，－1.95，0.61，－1.74，－1.49］。

为了考察所提取的脑电特征在识别四种行为状态时的性能，我们将所有四种行为状态的样本都输入RF分类器。如此一来，我们就可以进一步考察这样四种差异对比的分类问题：（1）闲坐和坐禅的分类（A1B1）；（2）散步和经行的分类（A2B2）；（3）散步和闲坐的分类（A1A2）；（4）坐禅和经行的分类（B1B2）。A1B1和A2B2分类问题涉及静虑与否的差异；A1A2和B1B2分类问题涉及行走与否的差异。

上述四个问题的RF分类器精度如表6.1和图6.4所示。对于每个分类问题，比较了以下三个特征的精度：（1）原始特征（Org），（2）均值校正特征（C－mean），（3）标准差校正特征（C－Std）。

表 6.1　分类精度结果

Problem	Org（%）	C－Mean（%）	C－Std（%）
ALL	65.1	68.75	78.96
A_1B_1	87.5	87.71	90.21
A_2B_2	81.46	83.54	87.08
A_1A_2	77.5	82.29	82.08
B_1B_2	77.71	77.5	92.29

　　如表 6.1 所示，结果表明所提取的脑电特征能够很好地区分这四种行为状态。对于每一个分类问题，这两种标定方法都提高了精度。用标准差校正比均值校正更能提高精度。用标准差校准对所有四种特征进行校正时，精度为 78.96%。

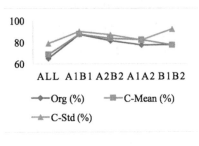

图 6.4　分类精度结果

　　特别对于 B1B2 分类问题，用标准差校准时精度从 77.71%（Org）提高到 92.29%，是所有分类问题中的最高值。这意味着利用校正后的脑电特征，结合 RF 分类器，可以有效消除被试者的个体差异，很好地识别坐禅和经行这两种不同的静虑状态。

　　总之，为了探讨坐禅与经行不同静虑功法的差异，我们进行了系统的脑电实验研究。首先记录了闲坐、散步、坐禅和经行四种行为状态下的脑电信号。然后在采集到的脑电数据基础上，提取基于频谱的脑电特征来识别上述四种行为状态。接着为了提高分类问题的性能，我们还对脑电特征进行校正处理。最后结果表明，个性化标定有效地解决了脑电信号的个体差异，并能够高精度地识别出四种行为状态。我们的这项研究工作，为区分不用静虑功法的效率和效果提供了科学依据①。

我们工作的主要贡献如下：（1）据我们所知，这是第一个比较经行与坐禅之间差异的静虑认知实验研究；（2）基于坐姿状态的统计特性，提出了均值校正和标准差校正两种校准方法，可以很好地消除个体差异。

当然，对于不同静虑功法的比较脑电实验研究，还有许多工作有待开展。如果将专注静虑功法分为这样三类：专注于某个身体部位的静虑（典型代表是观想鼻端），专注于某个意念的静虑（典型代表是看取话头），以及专注于行走的静虑（典型代表是经行），那么通过科学实验来研究三者静功效率和效果的差异，就是一个有着重要意义的研究课题。对于专注静虑功法差异性的科学比较，我们的研究只是一个先导性的工作，进一步的深入研究还有待更多有识之士共同参与。

第二节　机锋双脑关联

机锋交流是乐易启悟修持的核心环节。机锋交流涉及两人会话互动，两人会话互动时对应脑电数据的采集和分析，需要采用超扫描脑电实验与分析技术②。所谓超扫描（hyper – scanning）是指能同时获取多人脑数据的脑电扫描技术。超扫描多用于研究社会交往性认知活动的神经机制，突破了以往只能测试单个大脑数据的局限③。

一、机锋会话双脑扫描

脑电超扫描（EEG hyper – scanning）是一种同时研究两个或多个大脑之

①　Min Huang, Chen Junze and Changle Zhou, "Feature Extraction and Calibration of EEG Signals in Sitting and Walking Meditation" *IEEE International Conference on Knowledge Innovation*, Seoul, South Korea, July 13 – 16, 2019.

②　朱莉：《双人跨脑 EEG 数据分析的计算方法及其算法实现》，博士学位论文，厦门大学，2019 年。

③　Read P. Montague, et al., "Hyperscanning: Simultaneous fMRI during Linked Social Interactions" *Neuroimage*, Vol. 16, No. 4, pp. 1159 – 1164, April 2002.

间关联性的脑电扫描方法，通常用于揭示在社会交互作用影响下的人类神经活动协同变化规律。目前这种脑电超扫描所基于的研究方法就是所谓的超方法（hyper‐methods），主要关注不同脑区间的超连接性（hyper‐connectivity）描述问题①。超连接性描述一般采用基于通道为单位和基于脑区为单位这两种计算方法，如图 6.5 所示。

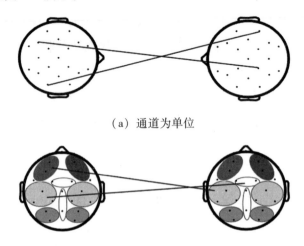

（a）通道为单位

（b）脑区为单位

图 6.5　超连接性计算

我们基于脑电通道为单位的超扫描方法，结合对应性激活的脑区分布，开展机锋会话与普通会话的对比实验，探索机锋启悟的话轮转换规律。首先我们同步采集脑电信号和录音数据，使用录音与脑电信号对准的方法提取话轮转换时的双人脑电信号片段。然后我们对双人间每对电极通道建立双变量自回归模型。我们选用定向相干值（PDC）作为同步性指标，计算双脑各电极间的同步性。我们分别在 δ（0.5Hz－4Hz）、θ（4Hz－8Hz）、α（8Hz－13Hz）、β（13Hz－30Hz）、γ（30Hz－100Hz）频带上绘出了双人脑间功能连接。最后基于快速傅立叶变换，我们对机锋会话与普通会话的双人脑区激活

---

①　Fabio Babiloni and Laura Astolfi, "Social Neuroscience and Hyperscanning Techniques: Past, Present and Future" *Neuroscience and Biobehavioral Reviews*, Vol. 44, pp. 76－93, July 2014.

状况进行了对比分析①。

我们的实验任务主要有：（1）探究在双人会话中，话轮转换时双方脑电同步性，绘出脑间功能连接；（2）探究在双人会话中，话轮转换时双方大脑激活状况；（3）探究在机锋会话与普通会话中，双人话轮转换的脑间功能连接是否存在差异。

已有话轮转换的脑间震荡模型（Oscillator Model）认为，会话交际主体在进行话轮转换时，可能出现交互缠结（Mutually Entrained）现象。这表明会话交际双方的行为表征和神经信号都可能出现同步化。以往的研究结果还发现话轮转换的间隔越短，双脑之间的同步性可能越强。但在双人会话中，瞬时的打断或者简单的回应（比如"嗯"）却未必会有较高的同步性②。

在上述脑间震荡模型的基础上，我们主要考虑具有这样一些特点的话轮转换。（1）非瞬时打断或者简单回应的话轮转换；（2）话轮转换的时间间隔适中，既不过长也不过短；（3）考虑话轮转换时被试的发声、身体活动可能产生噪声信号的影响。

实验数据采集设备采用两台 Emotiv EPOC 脑电仪进行。如图 6.1 所示，Emotiv EPOC 具有 14 导电极，分别为：AF3，F7，F3，FC5，T7，P7，O1，O2，P8，T8，FC6，F4，F8，AF4；另外还有两个参考电极，分别为：P3、P4。电极的命名规则与大脑的结构相对应，由字母和数字组成，分别为：Fp（前额叶）、F（额叶）、T（颞叶）、P（顶叶）、O（枕叶）和 C（中环）。在电极命名中，字母后的数字，奇数表示左半球，偶数表示右半球，小写字母 z 表示中线位置。基本电极位置分布。

数据分析使用配有 32 位 Windows 7 操作系统的联想 Lenovo PC 机。该 PC 机拥有一分为二的视频输出线一条，可以连接两台显示器用于脑电实验数据呈现。另外还配有录音笔两个、录音话筒一个，用于音频记录。

为了实现实验同步呈现，我们采用图 6.6 所示的原理来进行数据分析。

---

① 杨田雨：《双人会话脑电同步性计算方法》，硕士学位论文，厦门大学，2017 年。

② Margaret Wilson and Thomas P. Wilson, "An Oscillator Model of the Timing of Turn - taking" *Psychonomic Bulletin and Review*, Vol. 12, No. 6, pp. 957 – 968, January 2005.

图 6.7 中，Testbench 为 Emotiv EPOC 配套的脑电数据采集软件，VSPE 为虚拟串口软件，E－prime 为实验数据同步呈现软件。在发生特定事件时，E－prime 呈现程序可以通过串口向 Testbench 软件发送一个标记（Marker）。

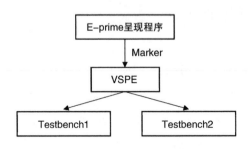

图 6.6　脑电数据同步原理

Testbench 软件会记录接收标记的时间以及标记的类型，并保存到采集的脑电数据里。由于是同时记录两个人的脑电数据，需要分别开启两个 Test-bench 进程及其配有的串口。在特定事件发生时（如会话开始时），E－prime 呈现程序会向两个串口同时发送一个相同类型的标记，两个 Testbench 进程会把标记信息保存在脑电数据里。通过这样的方式，便可以实现两个脑电数据间的同步。

在 E－prime 呈现程序里设置一个声音事件，我们称之为标记音。在会话开始前，E－prime 程序播放此标记音。在播放标记音的同时，E－prime 程序向两个 Testbench 进程各发送一个相同类型的标记。用录音笔记录标记音，并使其与两个 Testbench 进程的标记接收在同一时间（有一定误差）。这样便可以对准录音音频数据和脑电数据的采集时间，实现脑电数据和录音数据间的同步。

二、实验数据同步采集

我们招募了 14 组被试（每组 2 人，共 28 名被试）参与实验，被试年龄在 18 岁到 50 岁之间。实验的文字材料分为两类：一类为机锋会话（公案），一类为普通会话。公案语料库包含 100 条经典禅宗公案，选自《五灯会元》。普通会话语料库则包含 100 条，选自当年网络热门话题，主要为涉及民生、教育、政策等的一般性讨论。

我们采用 E - prime 2.0 软件来编写实验呈现程序,分别为机锋会话呈现程序、普通会话呈现程序、静默呈现程序。

机锋会话呈现程序的时间线为:一组对被试先阅读一段经典禅宗公案(如图 6.7 所示),阅读时间最长为 5 分钟。如若在 5 分钟内两名被试均已完成阅读,经协商可由一人操作按键提前结束阅读,阅读结束后会有语音提示。此时,扮演机锋会话角色的被试可通过操作按键开始机锋会话,会话时间为 5 分钟。如果在 5 分钟内两名被试均同意结束会话,经协商可由一人操作按键提前结束会话。

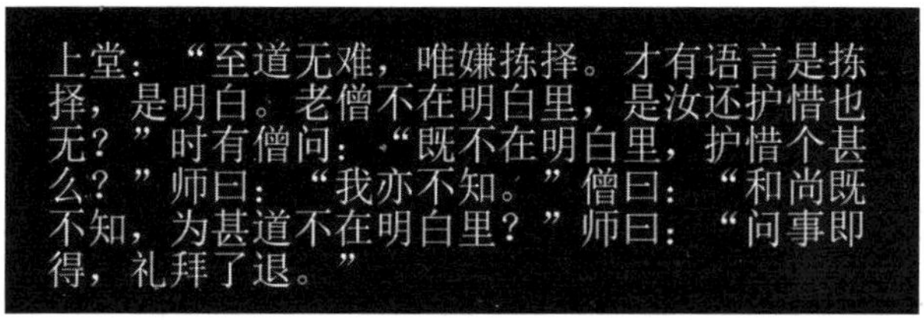

上堂:"至道无难,唯嫌拣择。才有语言是拣择,是明白。老僧不在明白里,是汝还护惜也无?"时有僧问:"既不在明白里,护惜个甚么?"师曰:"我亦不知。"僧曰:"和尚既不知,为甚道不在明白里?"师曰:"问事即得,礼拜了退。"

图 6.7 实验呈现(公案语料)

普通会话呈现程序的时间线与机锋会话类似。不同之处在于:阅读内容不是禅宗公案,而是一般性话题语料,也即会话内容不是机锋会话。

静默呈现的时间线为:呈现程序提示被试开始静默,此时被试需睁开眼睛保持静默状态。被试静默保持时间为 5 分钟。5 分钟结束时,呈现程序提示被试结束静默。

整个实验包含 7 个阶段。第 1 个阶段为静默呈现阶段;后 6 个阶段包含 3 个机锋会话呈现阶段和 3 个普通会话呈现阶段,呈现顺序随机。比如一个可能的阶段序列为:(1)静默;(2)机锋会话;(3)普通会话;(4)普通会话;(5)机锋会话;(6)机锋会话;(7)普通会话。实验前应确定哪位被试负责操作按键。我们规定负责操作按键的被试记为被试 1,另外一名被试记为被试 2。

在正式实验开始前,被试需要进行一次实验流程练习。实验练习的内容为一段普通会话,阅读语料为关于"你最喜欢的一本书"的一段文字材料。正式的实验流程包括如下八个步骤。

(1)首先给被试佩戴 Emotiv EPOC 头盔。

（2）佩戴完成后在电脑里打开 E－prime、Testbench、VSPE 等软件。使用 E－prime 程序测试标记是否可以由 E－prime 正常发送及由 Testbench 软件正常接收。

（3）查看两个 Testbench 窗口显示的实时 EEG 波形是否正常。如有异常，调节 Emotiv EPOC 头盔的佩戴位置或者添加生理盐水，直至 EEG 波形显示正常为止。

（4）打开 E－prime 呈现程序，给被试介绍指导语以及实验注意事项。

（5）点击 Testbench 软件的记录按钮开始记录 EEG 信号，打开录音笔开始记录音频数据，打开 Goldwave 音频记录软件开始记录音频数据（用于备份）。

（6）被试经呈现程序指导完成实验。

（7）结束 Testbench、Goldwave 及录音笔的记录，保存 EEG 及音频数据。

（8）重复以上流程。在每轮会话流程的间隙，都需要检查 Emotiv EPOC 头盔是否松动、EEG 数据记录是否有异常。

实验中，7 个阶段的脑电数据使用 Emotiv EPOC 配套的 Testbench 软件来记录，6 个会话阶段的录音数据使用 Goldwave 录音软件和录音笔作记录（静默阶段无须记录）。

在音频数据预处理部分，我们需要确定标记音（标记"M"）、被试 1 话轮结束（标记"S1"）、被试 2 话轮结束（标记"S2"）的时间点。对于每轮会话流程的脑电数据和音频数据，首先计算所有 S1、S2 提示点和 M 提示点的时间差，然后根据这些时间差和脑电数据中的提示音的标记，来补全话轮转换时的标记。S1 提示点对应的标记类型为 1，S2 提示点对应的标记类型为 2。

三、机锋会话实验分析

在获取实验数据的基础上，我们就可以进行脑电数据分段整合，按照时间节点标记来进行。当 S1 标记出现时，提取被试 1 的 S1 标记附近的脑电数据片段，作为"结束话轮者"的一个时段（epoch）；同时提取被试 2 的 S1 标记附近的脑电数据片段，作为"开始话轮者"的一个时段。当 S2 标记出现时，提取被试 2 的 S2 标记附近的脑电数据片段，作为"开始话轮者"的一个时段；同时提取被试 1 的 S2 标记附近的脑电数据片段，作为"结束话轮者"的一个时段。注意，每个时段的时间范围为标记前 500 毫秒至标记后 1500 毫秒，因此每个时段的时长总共为两秒，包含 256 个采样点。最后，将被试"结束话轮者"的时段汇总到一起，再将"开始话轮者"的时段汇总到一起。在汇总过程中，这两部分的时段需要保持时间对应性。

根据双人会话脑电同步性的一般计算流程，我们选择部分定向相干值（PDC）作为同步性计算指标。在双脑间的功能连接计算中，我们还需考察对应的脑区激活状况。需要说明的是，对于机锋会话阶段和普通会话阶段，既需要计算功能连接，也要考察对应脑区的激活状况，但对于静默阶段，仅需考察脑区激活状况。所以，我们最终给出了针对双人会话实验的计算流程，如图 6.8 所示。

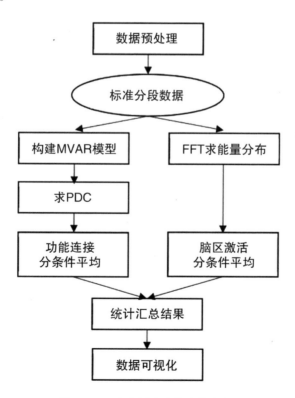

图 6.8　双人会话实验的计算流程

在图6.8中，MVAR 模型为双变量自回归模型，FFT 为快速傅立叶变换，PDC 为定向相干值计算。通过各个波段脑电功能连接的计算分析，以及脑区激活数据的可视化结果分析，我们可以得到如下结论[①]。

（1）在各种频段上，功能连接模式是相似的。即"结束话轮者"的左前额区、右前额区、左前颞区与"开始话轮者"的右中颞区、右后颞区、右枕叶区的连接最强。"结束话轮者"到"开始话轮者"的有效功能连接一般比"开始话轮者"到"结束话轮者"的有效功能连接要少。认知神经科学研究表明，前额叶主要负责思考、决策、沟通管理等，前颞区与听觉有关，后颞区则与记忆、联想、语言等有关。因此，上述结果说明在话轮转换时，"开始话轮者"可能根据"结束话轮者"的发言进行了联想并进行了语言组织，"结束话轮者"则处于等待沟通的倾听状态。在两个反向的功能连接上的差异则可能说明，在话轮转换时"开始话轮者"进入了主导状态。

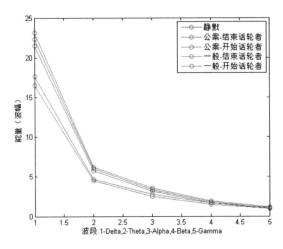

图6.9　各实验阶段、各波段能量均值对比

（2）机锋会话阶段的话轮转换能量低于普通会话阶段的话轮转换能量，如图6.9所示（图中纵轴自上而下的线段分别代表一般结束话轮者、

① Tianyu Yang, Yishu Yang and Changle Zhou, "Hyperconnectivity by Simultaneous EEG Recordings during Turn－taking" *Proceedings of the 2nd International Conference on Vision*, *Image and Signal Processing*, Las Vegas, NV, August, 27－29, 2018.

静默、一般开始话轮者、公案结束话轮者、公案开始话轮者；其中"一般"指"普通会话"，"公案"指"机锋会话"）。在普通会话阶段，我们发现，"结束话轮者"左颞区附近的激活更高，而"开始话轮者"右颞区附近的激活更高。通常讨论机锋会话要比讨论普通会话更加困难，反映的脑机制证据就是普通会话相应脑区激活程度更高。这意味着在普通会话阶段的话轮转换时，无论是"开始话轮者"还是"结束话轮者"，被试对会话内容的理解可能都更充分。

（3）对于从"开始话轮者"到"结束话轮者"的功能连接，机锋会话阶段和普通会话阶段在个别功能连接上存在显著差异。我们发现两者的差异主要集中在 δ 和 θ 波段上。对于从"结束话轮者"到"开始话轮者"的功能连接，机锋会话阶段和普通会话阶段在各波段均无显著差异。这说明在两种阶段的话轮转换中，其差异主要体现在"开始话轮者"对"结束话轮者"的"引导"上。

我们的研究表明：（1）话轮转换时双方脑间功能连接主要集中在"结束话轮者"的前额区、前颞区和"开始话轮者"的中颞区、后颞区之间；（2）在讨论比普通会话更为困难的机锋会话的话轮转换时，由"开始会话者"到"结束会话者"的功能连接强度更高；（3）话轮转换时的双方脑网络相较于其他时期具有一定特异性。

总之，我们对机锋会话与普通会话进行了双人会话对比实验，用以研究话轮转换时脑间同步性及脑区激活状况。为此，我们基于部分定向相干性指标设计了适用于双人会话实验的计算方法。通过可视化实验结果，我们直观地展示了话轮转换时各波段的功能连接、脑区激活状况，及两种会话阶段的功能连接差异。我们的工作为机锋启悟改变心理品质提供了科学研究途径，是一个开创性的研究，也是一个初步的研究。进一步的深入研究可以引入真实机锋交际活动之中，当然这需要寻求符合条件的被试，进行更为精妙的实验设计和更为细致的实验分析。

第三节　综合修炼效果

乐易启悟修持是"克期取证"的综合性禅修，功法不只是单纯的静虑默观或机锋会话。根据《人天眼目》[①]《禅门锻炼说》[②] 和《入众须知》[③] 等禅宗典籍，综合性禅修功法包括坐禅默观、经行棒喝、话头看取、公案参究、落堂开示、机锋启发等诸多手段环节。因此，开展综合禅修的积极心理效应的科学研究，不仅要对每个禅修环节进行单项的认知科学实验与分析，而且要进行综合性的认知科学实验。在本节中，介绍我们采用的综合认知实验方法及其实验分析结果，包括综合脑电实验分析方法及其实验结果，脑功能性网络分析方法及其实验结果，以及常规心理健康评估方法及其实验结果。

一、综合脑电实验分析

实验选取 64 名此前从未参加过任何心理培训的被试，年龄在 19 ~ 43 岁之间。所有被试身体健康，无精神病史或大脑创伤史，视力及矫正视力正常，均为右利手。被试分为实验组和控制组均等的两组，每组都是 16 男 16 女。所有被试均为自愿参加实验，并于培训前签署知情承诺书。实验组被试参加乐易启悟修持封闭式集中七天修持培训，统一安排作息活动；与此同时，控制组被试则自由活动，不做任何培训安排。

实验组和控制组均在实验组的培训前后参加测试，测试包括脑电实验测试和心理量表测试两部分。脑电实验测试则分为静息态和观看情绪图片两个阶段。被试进入实验室后，先进行脑电实验测试，顺序为静息态、观看情绪图片；然后再完成心理量表测试。

---

① 智昭：《人天眼目》，载蓝吉富《禅宗全书》第 32 册，台北文殊出版社 1988 年版，第 269 – 342 页。

② 戒显：《禅门锻炼说》，载蓝吉富《禅宗全书》第 34 册，台北文殊出版社 1988 年版，第 189 – 214 页。

③ 宗寿：《入众须知》，载蓝吉富《禅宗全书》第 81 册，台北文殊出版社 1988 年版，第 181 – 205 页。

脑电实验所用情绪图片均选自中国情绪图片系统（CAPS），分别选取积极、中性、消极三类效价的图片各42张，总计126张。积极图片效价平均值 M＝7.01，标准差 SD＝0.49。消极图片效价平均值 M＝2.06，标准差 SD＝0.67。中性图片效价平均值 M＝4.95，标准差 SD＝0.65。积极图片唤醒度 M＝5.19，标准差 SD＝0.95。消极图片唤醒度 M＝5.15，标准差 SD＝0.83。中性图片唤醒度 M＝5.01，标准差 SD＝0.53。三类图片的唤醒度取值分为1到9级，其中9代表最高的愉快性和最强的唤醒度。

实验程序为：在电磁屏蔽隔音室内，被试面对计算机屏幕而坐。在图片呈现实验前，先记录被试20分钟静息态的脑电数据，在静息过程中要求被试全身放松、安静闭目、消除杂念。实验采用直接感知方式来呈现情绪图片，呈现图片时要求被试双眼注视屏幕中央的注视点，视距约70cm。在图片刺激呈现和做出反应时，要求被试尽量避免头部运动和少眨眼。

当准备就绪后，要求被试按回车键表示正式进入实验。实验开始时，计算机屏幕中心呈现指导语"请认真观看图片，在图片消失之后，立即对每张图片进行评定"。整个呈现过程分设三个组块（block），每个组块有7个单元，每个单元包含6张图片，每张图片依次呈现，呈现时间为1500ms。每两张图片呈现之间插有带"十"字的空屏，随机设置空屏的时间间隔在1800ms～2200ms之间变化。在一个单元内同类效价的图片连续呈现不超过两张。

为了保证注意力集中，我们要求被试注意观看图片。在图片消失之后，要求被试根据积极的、消极的或中性的图片判断，按下相应的选择键。在每一单元的6张图片呈现完毕时，屏幕会出现指导语"进入下一组图片，请按键开始"。此时被试可以根据自己情况，待准备就绪后，再按键进入下一单元。当完成7个单元后，屏幕出现指导语"休息"，表示进入组块之间的休息时间。为了熟悉实验程序，要求被试在正式实验前进行2个单元的练习实验。练习实验程序与正式实验编排相同，但使用的实验材料不同。

实验采用 NeuroScan 生产的64导脑电仪，按国际10－20系统扩展的64导电极帽记录脑电信号。实验以鼻尖为参考电极，离线使用双侧乳突信号的平均值作为再参考。采用双眼外侧安置电极来记录水平眼电信号（HEOG），左眼上下安置电极来记录垂直眼电信号（VEOG）。脑电数据的滤波带通是 0.1Hz - 100Hz，采用 AC 进行采样，其中采样频率是 1000Hz，头皮阻抗小于 5KΩ。

基于上述采集的脑电数据，我们采用 LPP 波幅、功率谱、排列熵等多种脑电分析手段 [1]，对乐易启悟修持的综合效应进行研究分析。已知情绪调节是一个多水平、多维度、多变量参与的即时动态变化过程，因此在探讨个体大脑的情绪调节和调节的反应方面，事件相关电位（Event – Related Potentials，简称 ERP）具有独特的优势。有研究认为，脑电晚期正成分（Late Positive Potential，简称 LPP）是情绪调节的一个典型成分。在刺激呈现后大约 300 ~ 400 毫秒后，该 LPP 成分出现在大脑后部[2]。由于在情绪调节加工中使用了情绪策略，因此额叶参与了认知资源的再分配，结果导致 LPP 波幅的减小。

在情绪刺激图片呈现后，如果要求被试继续想象图片的信息进行增强调节（Up – Regulation），那么 LPP 调节效应的时间会一直持续到 2000 毫秒（负性情绪刺激条件下）或 3000 毫秒（正性情绪刺激条件下）。相反，减弱调节不仅能够降低个体由情绪刺激激发的 LPP 波幅，而且能够缩减 LPP 的持续时间。通常个体在情绪调节过程中情绪体验评分的下降与记录到的 LPP 波幅下降有显著的相关性。这种相关性也使 LPP 成了情绪调节的一个重要电生理指标。

我们采用 Scan4.5 软件来对脑电数据进行分析。脑电数据取样从词汇刺激出现前 200ms 开始，持续到刺激出现后 800ms。以 – 100ms ~ 0ms 的电压均值为准来做基线校正。选用带通滤波（0.1Hz ~ 30Hz）来进行离线滤波。在眼动校正中，将最小扫描数设定为 20，眨眼时间长度设置为 400ms，阈限设置为 10%。在叠加平均处理中，我们排除了错误反应和振幅大于 ±100μV 的反应。采用 SPSS17.0 统计分析所有经过处理后的脑电实验数据，其中因伪迹舍弃的数据小于总数据的 10%。

---

① Cornelis Jan Stam, "Nonlinear Dynamical Analysis of EEG and MEG: Review of an Emerging Field" *Clinical Neurophysiology*, Vol. 116, No. 10, pp. 2266 – 2301, October 2005.

② Nathan Weisz, et al., "Alpha Rhythms in Audition: Cognitive and Clinical Perspectives" *Frontiers in Psychology*, vol. 2, Article 73, April 2011.

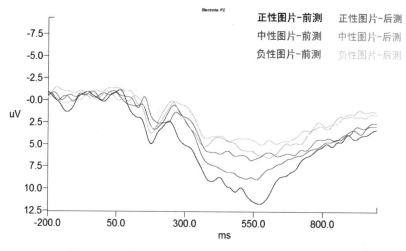

图 6.10　实验组前后测 LPP 平均波幅比较（Pz 电极）

图 6.10 给出了代表性电极上 LPP 平均波幅的脑电反应，不同灰度曲线分别对应的刺激条件见图例（图中，以中间区段明显处为准，大体上从上而下曲线分别代表中性图片 – 后测、负性图片 – 后测、正性图片 – 后测、中性图片 – 前测、负性图片 – 前测、正性图片 – 前测）。可以看到，所有实验条件都诱发了清晰的 LPP 波幅降低，额区、后额区、中央区、顶区、枕区均有分布。但也可以看到，LPP 波幅降低在顶叶和中央区最为显著，符合文献中报告的 LPP 的一般特点。

前测时实验组和控制组三类情绪图片的 LPP 波幅没有显著差异，这说明培训前的匹配是成功的，实验组和控制组各方面条件齐性。控制组前后测三类情绪图片的 LPP 波幅没有显著差异。结合认知行为评估量表的得分，这一结果说明，我们对控制组的控制是成功的。实验组前后测对比发现，三类情绪图片诱发的 LPP 波幅都有减小，其中正性情绪图片的减小最为显著。这一结果说明培训后被试各种情绪趋于缓和，对情绪的感知和加工深度变浅（情绪唤起需要投入的注意资源变少），其中正性情绪尤为明显。实验组和控制组后测对比也发现了类似的结果。这些实验分析结果证明，乐易启悟修持具有调控情绪的作用，能够促使被试的各种情绪趋于平缓并渐臻中正平和状态。

另外，我们还对脑电信号进行了功率谱分析。选取 5 分钟伪迹较少的数据，先进行预处理，包括去除眼电、消除伪迹和市电干扰。然后按照 2 秒为时间段，把 5 分钟的闭眼数据分割成 150 个数据段。再对这些数据段进行快速傅立叶变换，就得到各个波段的功率谱（单位为 μv^2）。最后对实验组和控制组被试的功率谱进行叠加平均后，针对最为重要的 α、θ 和 γ 三个波段，我们发现被试在观看情感图片任务时有如下统计意义上的结果。

（1）α 波结果：控制组被试前后测功率谱无明显差异。实验组被试各个脑区功率谱均呈现显著差异，其中最为显著的是额叶区、中央区和枕叶区。实验组后测时平均功率增大，说明乐易启悟修持改善了被试的情绪。

（2）θ 波结果：控制组被试前后测功率谱无明显差异。实验组被试功率谱在额叶区、中央区和枕叶区出现明显差异。结果说明，乐易启悟修持可以帮助被试更好地放松身心、减缓焦虑。

（3）γ 波结果：控制组被试前后测功率谱无明显差异。实验组被试功率在额叶区、中央区和枕叶区有明显差异。这一结果说明，乐易启悟修持综合修持方法可能具有提高解决冲突（尤其是情绪冲突）的能力。

归纳起来可以看出，经过乐易启悟修持培训后可以提高被试的 α、θ、γ 波功率谱，对于情绪调和起到重要作用。这其中的原因可能是乐易启悟修持的部分或全部修持功法改善了被试的情绪，而情绪的改变又刺激了额区功率谱的改变。显然这样的结果与事件相关电位 LPP 效果互为佐证。前面我们已经指出，经过乐易启悟修持培训后，被试的 LPP 波幅明显降低，相应地他们的情绪变得更为平和。

最后，我们采用多尺度排列熵对脑电的复杂度进行表征，并对脑电波各波段在乐易启悟修持培训前后的排列熵进行了比较[1]。我们分析采集了 20 分钟的电脑数据，对控制组和实验组全波段的整体均值进行多尺度排列熵分析。通过前后测曲线的重合或分离程度，可以看出前后测多尺度排列熵的差异变化，曲线重合程度越高表示差异越小，曲线分离程度越高则表示差异越大。

从全波段多尺度排列熵的变化趋势上可以看到，控制组的排列熵前后测变化不大，实验组则有较大的变化。从实验组的多尺度排列熵趋势图中，可

---

① 赵建强、周昌乐：《短期禅修效果的脑电图多尺度排列熵分析》，《厦门大学学报》（自然科学版），2016 年第 3 期，第 420 – 425 页。

以看到当尺度因子在 40 左右时，前后测的排列熵差异达到最大。所以，我们取尺度因子为 40 时的控制组和实验组的排列熵均值作前后测配对检验，分析这些排列熵的差异是否具有显著性。

从被试前后测配对检验的结果显示，乐易启悟修持在 θ 波段和 α 波段的一些点位上产生了较明显的效果。从实验组在乐易启悟修持培训前后的排列熵值上可以看出，培训后 θ 波的排列熵值呈现降低的趋势，而 α 波段则相反，培训后的排列熵值呈现增加的趋势。另外，对于 θ 波段和 α 波段各电极前后测的平均排列熵值比较也有类似的效果。这些结果表明，经乐易启悟修持培训后，被试各脑区处于更加良性的运行状态，被试精神得到放松、焦虑得到缓解、意识清醒度和注意力得到提升。

总之，我们通过培训前后多尺度排列熵的对比分析，发现乐易启悟修持对被试的 θ 波和 α 波产生了积极的影响。这些影响主要体现在 θ 波段排列熵的降低和 α 波段排列熵的增加。证明了乐易启悟修持是一种有效的、有益心脑健康的综合修持方法①。

二、脑功能性网络分析

为了全面评估乐易启悟修持综合性方法的有效性，除了采用上述的脑电分析外，我们还采用脑功能性网络的计算方法②，对实验组和控制组进行对比分析。这样的分析将有助于我们了解情绪反应在功能网络结构上的变化规律，以及乐易启悟修持综合性方法对于情绪调节、神经机制改变的作用影响。

运用脑功能性网络的分析方法，我们对被试的 EEG 数据进行分析，步骤如图 6.11 所示。对于前面小节介绍的所采集原始脑电数据，首先借助 Neuroscan 自带软件自动去除眼电噪音。然后根据呈现的情绪图片种类（积极图片，消极图片，中性图片）进行 EEG 片段的提取，提取时间为情绪图片呈现

---

① 赵建强：《基于多尺度排列熵的乐易心法实证研究》，硕士学位论文，厦门大学，2016 年。

② Edward T. Bullmore and Olaf Sporns. "Complex Brain Networks: Graph Theoretical Analysis of Structural and Functional Systems" *Nature Reviews Neuroscience*, Vol. 10, No. 3, pp. 186–198, March 2009.

的前500毫秒到呈现之后的1500毫秒。在进行EEG片段的提取之后，还需要对提取的EEG片段进行基线校准以及伪迹去除。基线校准以每张情绪图片呈现的前500毫秒到情绪图片呈现的时间作为基线对EEG片段进行校准。在伪迹去除中，大于100μv或者小于－100μv的EEG片段将被剔除，不用于后面步骤的分析。

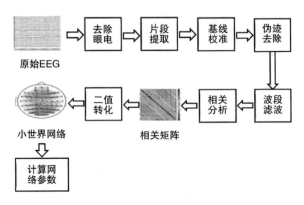

图6.11 脑电的小世界网络分析流程图

在伪迹去除之后，再对剩下的EEG片段进行滤波，抽取出不同波段的EEG数据。采用的滤波波段包括δ（0.5－4Hz），θ（4－8Hz），α1（8－10Hz），α2（10－13Hz），β（13－30Hz），γ（30－100Hz）这六个波段。利用快速傅立叶变换（FFT）进行滤波，然后对滤波之后各个波段的EEG信号的每个导联电极之间进行脑电信号的相关性分析。

相关性分析采用同步似然法（Synchronization likelihood）进行。同步似然法是荷兰阿姆斯特丹自由大学斯塔姆教授提出的一种相关性分析方法[1]。对脑电信号的EEG片段进行同步似然法计算得到的最终结果为62×62的相关矩阵，其中62为采集EEG的脑电帽上导联电极的数量。在该矩阵当中，每个矩阵元素a_{mn}是电极m与电极n的同步似然度关联值。在计算完EEG片段中脑电信号的相关性之后，需要对得到的每个EEG波段

———————————

① Cornelis Jan Stam and Bob W. Van Dijk, "Synchronization Likelihood：An Unbiased Measure of Generalized Synchronization in Multivariate Data Sets" *Physica D：Nonlinear Phenomena*，Vol. 163，No. 3，pp. 236－251，September 2002.

在静息态以及观看中性、正性和负性情绪图片下得到的相关矩阵进行图论分析。

我们主要分析两组被试在静息态以及观看中性、正性和负性情绪图片时脑功能网络特征的差异。在脑功能网络进行分析时，我们首先将每个通道电极在大脑上的覆盖区域定义为脑功能网络图中的节点。然后我们用同步似然法进行量化计算 EEG 各电极信号之间的相关性。最后我们将该相关性作为脑功能网络图中的对应节点的连接边的权重。

有了上述结果，再对计算所得到的相关矩阵进行阈值化，将带有权重的连接网络构建为无向网络。脑功能网络结点之间是否有边相连取决于相关矩阵对应元素同步似然度取值以及所确定的阈值。如果同步似然度大于该阈值，我们将脑功能网络对应的节点之间建立一条连接边；如果同步似然度小于该阈值，脑功能网络对应节点之间就不建立连接边。采用连接密度的方法来确定阈值，使得脑功能网络的密度变化范围为总连接数的20%～80%。在确定阈值之后，再分别分析在该特定阈值下的脑功能网络具有的拓扑特征。

我们可以从不同的角度来对脑功能网络的拓扑特征进行测量，其中最为基本也是最常用的测量特征包括聚类系数、特征路径长度和小世界系数[1]。聚类系数主要用于测量网络连接的局部特征参数，特征路径长度用于测量网络连接的全局特征参数，小世界系数则用于测量网络的小世界特征参数。

对于给定一个网络连接密度的脑功能网络，我们根据该连接密度计算出一个阈值 T，并采用阈值 T 将每个被试脑电波的相关矩阵转化为无向网络。有了无向网络，我们就可以计算该网络的聚类系数 C_i 和特征路径长度 L_i。由于我们采用连接密度，对于每名被试转化的脑功能网络而言，其总边数都是相等的，因此，C_i 和 L_i 反映的是网络拓扑结构上的差别。

在获得一个脑功能网络的聚类系数以及路径长度之后，还需要将脑

① Duncan J. Watts and Steven H. Strogatz, "Collective Dynamics of 'Small-world' Networks" *Nature*, Vol. 393, No. 6684, pp. 440–442, June 1998.

功能网络与有零假设网络的相应值进行比较，从而得到脑功能网络的小世界系数。这里零假设网络的构建是通过保留原网络当中各个节点度数并进行随机重连的网络，该网络的随机重连算法如下。

(1) 对于原网络中的每个节点计算其度数，并作为一个初始集合 S。

(2) 随机在集合 S 当中选择两个不同的节点，在节点之间生成一条新的边。

(3) 生成新的边的两个结点各自的节点度数 −1，假若节点度数为 0，则将该结点从集合 S 中剔除。

(4) 重复（2）~（3）步直至集合 S 为空。

在生成随机网络之后，根据随机网络测量生成的聚类系数 C_r 和特征路径长度 L_r，通过如下公式来得到小世界聚类系数 C_s、小世界特征路径长度 L_s 以及小世界系数 s：

$$C_s = \frac{C_i}{C_r}, \ L_s = \frac{L_i}{L_r}, \ s = \frac{C_s}{L_s}$$

需要说明的是，小世界系数是对应网络同时具有规则网络以及随机网络特征的一种度量，也是该网络在规则网络以及随机网络两者之间的平衡性测量。我们对原网络进行 50 次随机重连，并计算出 50 次随机重连网络的聚类系数 C_r 以及特征路径长度 L_r。再根据上述三个公式，就可以求得原网络的小世界聚类系数 C_s，小世界特征路径长度 L_s 以及小世界系数 s。

为了消除观看图片相对于静息态的认知差异，首先对被试观看三种不同情绪图片的网络参数变化进行检测。我们采用 SPSS22.0 软件进行分析，分析考虑的影响因子包括条件（前测与后侧）和 EEG 波段（δ，θ，α1，α2，β，γ），并使用 SPSS22.0 软件自带的 Bonferroni 统计法进行多重比较校正。然后在采用不同的连接密度进行阈值分割的情况下，从聚类系数、特征路径长度以及小世界系数三种网络参数，对实验组与控制组的静息态、观看中性图片、正性图片、负性图片及观看三类图片与静息态的对比等七种情况进行差异分析，结果如表 6.2 所示。

表6.2 脑功能网络参数前后测差异分析结果

观看图片	被试组别	小世界系数变化	脑电波段间变化	脑波前后测影响
静息	实验组	无显著差异	无显著差异	无交互效应
	控制组	无显著差异	无显著差异	无交互效应
中性	实验组	无显著差异	有显著差异	无交互效应
	控制组	无显著差异	有显著差异	无交互效应
正性	实验组	无显著差异	有显著差异	无交互效应
	控制组	无显著差异	有显著差异	无交互效应
负性	实验组	无显著差异	有显著差异	有交互效应
	控制组	无显著差异	无显著差异	无交互效应
中性比静息	实验组	无显著差异	有显著差异	有交互效应
	控制组	有显著降低	无显著差异	无交互效应
正性比静息	实验组	无显著差异	有显著差异†	无交互效应
	控制组	无显著差异	有显著差异	无交互效应
负性比静息	实验组	有显著降低	有显著差异‡	无交互效应
	控制组	无显著差异	无显著差异	无交互效应

在表6.2中，‡处表示在被试观看负面图片对比静息态的参数分析中，发现δ波段的脑功能网络聚类系数和特征路径长度都有明显的升高。这个结果表明在δ波段下，脑功能网络中的局部连接以及全局连接都有明显地增加。在θ，α1，α2，β以及γ波段脑功能网络的聚类系数则有明显地降低，并且特征路径长度也有明显地降低。这表明实验组经乐易启悟修持培训后，脑功能网络中的局部连接以及全局连接都有明显地减少。†处表示除了产生‡处的网络结构变化外，在被试观看正面图片对比静息态的参数分析中，唯有θ波段特征路径长度没有明显变化，结果缓解了全局连接明显地减少。

通过表6.2给出的分析结果，我们发现在α、β波段下，与控制组相比，实验组被试脑功能网络的同步性和小世界特性出现明显的增强。通常α波与认知加工处理、注意力有着密切的联系，并且会随着认知能力的提升而增强；β波段不仅与注意力和警觉性相关，还与情绪的加工处理有关。因此，结合已有的研究结果来看，经乐易启悟修持培训后增强了被试 α、β 波段的同步性，说明乐易启悟修持可以促成被试各脑区活动处于一种更加良性的运行状态。

实验组脑功能网络的小世界特性增强，也说明乐易启悟修持可以提高被试大脑内部信息的加工效率。虽然此时被试的身体放松、身心能量消耗减少，但脑部获得的能量相对较高。这样一来，大脑运作会更加迅速顺畅，能够促进直觉、注意力和警觉性提高。总体而言，这些认知性能的提升，会使被试心理处于一种更加开放的状态。

高频 γ 波段及其跨脑区同步振荡，通常与学习、记忆、决策等各种高级认知处理过程相关联。我们的实验发现，乐易启悟修持培训后被试在高频 γ 波段脑功能网络的同步性和小世界特性增强，说明乐易启悟修持培训影响了被试脑部的网络连接，导致处理信息更加高效，提高了高级认知能力。

为了更加细致地探索被试脑区之间的连接发生了怎样的改变，我们提出了一种基于线性规划的全新网络分割算法[1]，并应用于乐易启悟修持培训前后情绪反应的脑功能网络分析。结果发现，在乐易启悟修持培训前，被试的情绪反应是由大脑的顶区为主导、由顶区与前额以及中央区相互协同工作而产生；在乐易启悟修持培训后，被试的情绪反应则是由前额区为主导、由前额区与顶区以及枕区相互协同而产生。

总之，我们采用脑功能性网络分析方法，对参与乐易启悟修持培训的被试进行了实验分析。结果表明，经过乐易启悟修持培训后，被试在观看情绪图片时 δ 波段脑功能网络的局部连接有显著的增高，而其他波段的脑功能网络的局部连接有显著的降低。这证实了乐易启悟修持培训能够改变脑区之间的功能性连接，有效地调节被试的情绪反应。通过乐易启悟修持的培训，能够使被试的大脑处理信息更加高效，认知能力得到提高。乐易启悟修持的培

---

① Rui Li, et al. , "Precise Segmentation of Densely Interweaving Neuron Clusters Using G – Cut" *Nature Communication*, vol. 10, Article no. 1549, April 2019.

训还能促使被试的心境更加平和，并能够抵御外界对情绪改变的影响①。

三、心理健康评估分析

除了脑电实验，我们还对参与实验的两组被试分别进行了心境状态量表（profile of mood states，简称 POMS）和症状自评量表（The self－report symptom inventory，Symptom checklist 90，简称 SCL90）测试，并进行了数据统计分析。与脑电实验一样，心理量表测试在参加乐易启悟修持前后进行，也即前测和后测各进行一次。

POMS 量表是一种用来测试心境情绪状态特征的问卷。整个问卷包括 65 个题目，测试的每一项状态均分为 5 个等级：1 分（没有），2 分（有点），3 分（中等），4 分（较多）和 5 分（严重）。通过测试可以得到"紧张－焦虑、忧郁－沮丧、愤怒－敌意、疲惫－惰性、困惑－迷惑、活力－运动、以及与自我有关的情绪"这 7 个分量表的分数。7 个分量表的前 5 个为消极心境，后 2 个为积极心境。7 个分量表的内部一致性信度为 0.85 ~ 0.87 之间，再测信度为 0.65 ~ 0.74。根据 7 个分量表可计算出全量表（即心境失调）的分数，即全量表分数＝各消极心境分数之和－各项积极心境分数之和 + 100。

实验一共选取被试对象 64 人，其中实验组 32 人，9 人脱落，23 人进入分析；对照组 32 人，16 人脱落，16 人进入分析。在前测中两组被试的各分量表分数无显著性差异，表明心境情况基本相似。

通过对实验组和控制组的前测和后测各分量表分数进行比较，主要得出如下结果：实验组被试经过乐易启悟修持培训后，各分量表分数与培训前相比差异显著，表明经过七天的乐易启悟修持培训，被试的消极心境降低，积极心境提高。在这其中，紧张－焦虑、疲惫－惰性、活力－运动这 3 项情绪变化最为明显。这与实验组的自述一致，培训后被试普遍反映焦虑和压力得到缓解，疲惫感减轻，心境变得平和，更善于跟别人沟通，活力有所上升。控制组前后测各量表分数则无明显变化。

---

① 李睿：《基于若干高阶认知功能的计算分析及应用》，博士学位论文，厦门大学，2018 年。

SCL90 量表有 90 个评定项目，每个项目分五级评分。SCL90 量表包含了比较广泛的精神病症状学的内容，涉及感觉、情感、思维、意识、行为、生活习惯、人际关系、饮食等。SCL90 量表能准确刻画被试的自觉症状，对有可能处于心理障碍边缘的人有良好的区分能力，比较适用于测查人群中哪些人可能有心理障碍、有何种心理障碍及其严重程度如何。因此，SCL90 量表能较好地反映被试的心理问题及其严重程度和变化，是当前心理咨询应用最多的一种自评量表。

SCL90 的计分统计指标主要为两项，即总分与因子分。总分为 90 个项目单项分相加之和，能反映其病情严重程度。因子分包括 10 个因子，每一因子反映受检者某一方面的情况。10 个因子如下：躯体化、强迫症状、人际关系敏感、忧郁、焦虑、敌对、恐怖、偏执、精神病性、睡眠及饮食情况。因子分分值的意义：1－2 提示心理健康；2－3 提示亚健康心理状态；3－4 提示有心理健康问题；4－5 提示有严重心理健康问题。

在前测和后测中，对两组被试分别进行 SCL90 测试。结果发现实验组后测的总分、阳性项目、阳性均分及 9 个因子分均低于前测。在这其中，强迫症状、人际关系敏感、忧郁、睡眠及饮食情况等 4 个因子达到了显著性水平；焦虑、敌对、恐怖、精神病性等 4 个因子边缘显著。这一结果表明，参加乐易启悟修持培训后，实验组被试这 8 个方面的状况得到了明显改善。与此相反，控制组前后测的总分、阳性项目、阳性均分及 9 个因子分均无明显变化。

总之，通过上述综合脑电实验分析、脑功能性网络分析和心理健康评估分析，我们可以得出乐易启悟修持培训如下结论。

（1）综合脑电实验分析表明：乐易启悟修持培训能使被试大脑保持更加健康的状态，情绪更为平和，更好地放松身心，减缓焦虑，提高解决情绪冲突的能力。还可以增强神经活动同步化现象，有助于精神放松、释放压力及排解忧虑，提升意识的清醒度及注意力。

（2）脑功能性网络分析证实：乐易启悟修持培训能够改变脑区之间的功能性连接，有效地调节被试的情绪反应。通过乐易启悟修持的培训，能使被试的大脑处理信息更加高效、认知能力得到提高。

（3）心理健康评估分析表明：从心境状态评估来看，乐易启悟修持培训后被试的消极心境降低，积极心境提高，焦虑和压力得到缓解，疲惫感减轻，心境变得平和，更善于跟别人沟通，活力有所上升；从症状自评来看，乐易启悟修持培训可以明显消解强迫、焦虑、敌对、恐怖、忧郁、人际关系敏感、精神病性、睡眠及饮食等 8 个方面的不良状况。

在物质文明高度发展的当代社会，心理健康问题已经成为一个严重的社会问题。2018 年 4 月 29 日发布的《中国城镇居民心理健康白皮书》，对当前中国城镇居民心理健康状况进行了调查。调查结果表明，73.6% 的人群处于心理亚健康状态，存在不同程度心理问题的人群有 16.1%，而心理健康的人群仅为 10.3%。

最近三年，这种不良心理健康状态随着社会经济的发展越来越严重。特别是迫于现实生活的竞争压力，早生华发、难寝失眠、心力交瘁、焦虑抑郁、压力感受等心理亚健康状态，就成为社会比较普遍的现象。因此，民众迫切需要行之有效的心理康复方法，重新回到心理健康幸福生活的轨道之上。

从对乐易启悟修持的认知科学实验结果来看，乐易启悟修持综合性培训确实有助于提升被试的心理品质，对于被试放松身心、减缓焦虑和压力、调和负面情绪以及提高解决情绪冲突的能力都非常有效。因此，我们综合了主要禅修功法创建的乐易启悟修持综合性方法及其实践，为建设心理健康的和谐社会作出应有的贡献，有着十分重要的现实意义。

附录 论"有"与"无"

说明：2021年10月间按照惯例，我们举办了乐易讲师线上讲习活动。在讲习活动中，有讲师提到了"有"与"无"的关系问题，于是我就给讲师们作了解答。当时有讲师将我的这次讲话作了全程录音，并形成了讲话的文字稿。现在给大家呈现的这篇文章，就是根据我解答学员问题的讲话稿整理而成。或许对于理解禅宗公案有所帮助。

一、有与无的本体论思考

"有""无"关系是研究中国传统哲学思想的一个重要问题。所以，这个问题提得很好。通常，哲学探讨现象世界的根本问题有两个。一个是终极实在问题，即这个世界上到底什么是最根本的实在？另一个是万物生成问题，即宇宙万物是从哪来的以及怎么来的？当然这两个问题往往相互关联。

那么这个世界上最根本的实在是什么？讨论这个问题的学问就是本体论。在古代，对这个问题的回答无非就有两种观点：一个是空无论，认为终极实在是空无。比如大乘佛教的空宗就强调缘起性空，万法（万物）都是性空因缘和合的结果。另一个是实有论，认为终极实在是实有（至于这个实有是什么，则又有不同的观点，比如唯物论、唯心论、二元论等）。比如大乘佛教的有宗就强调唯识论，一切万法都是来自于阿赖耶识这个种子。

那么这"无"与"有"有什么关系呢？讨论这两者的关系实际上是一个非常棘手的问题。为什么棘手？因为在中国古代的思想史上，不管是本体论还是生成论，讨论的核心就是"空"与"有"的关系问题。应该说，如何处理"无"与"有"的关系，决定了我们中国哲学思想境界的高度。

首先看先秦。先秦讨论本体问题的主要是道家，儒家虽有涉及，但不是关注的重点。比如，从严格意义上讲，孔子在《论语》里就不谈本体问题。孔子主要从伦理角度，从怎么做人的角度，谈论如何成为理想人格的君子。孔子尽管也提出一些比较重要的本体性概念，比如说"仁"。但他强调"仁"的出发点主要是"爱人"。孔子尽管也说他的思想"一以贯之"，但是他的"一以贯之"不是指有个"一以贯之"的"本体"，而是说他宣讲的所有道理"前后连贯"没有矛盾。应该说，孔子"一以贯之"的道理就是仁爱精神，是忠恕之道。总之，孔子的仁爱也好，忠恕也罢，实际上讲的都是如何做人的道理。

所以，在《论语》中，严格意义上没有涉及本体论，也即没有涉及这个世界上终极实在到底是什么的问题。这就是为什么到了汉代以后，在佛教与道教形成以后，以孔孟为代表的圣学隐而不显的原因。早期圣学一直没有比较完善的本体论作为整个理论体系的一个支撑。

到了道家要好一点。比如老庄的道家学说都有本体，有一个称为"道"的本体。但是道家的这个"道"究竟是不是万物的终极实在呢？粗粗地看，回答是肯定："道"是终极实在！因为一方面道家认为一切都是"道"生成的，这就解决了万物的生成问题；另一方面"道"又是玄之又玄的形而上者，这也解决了万物的终极实在问题。因此道家不但有本体论，也有生成论。

果真如此吗？如果现在问大家一个问题，"道"到底又是从哪来的？那应该如何回答？对这个问题，道家的回答是：无生有，有生万物。就是说在能生成万物之"道"的背后还有一个"无"。但是将"道"归到"无"就会遇到一个难题，就是后来禅宗所说"头上安头"的难题。

这个难题用通俗的话讲就是，先说有一个"道"可以生万物，又说有一个"无"可以生"道"，这样不就是将万物的本原归到"无"了吗！于是，如此这般增加一个"无"不就多此一举了吗，不如直接把"无"当作"道"算了！

其实，在"道"背后再找出一个"无"的做法，这叫推诿问题，并没有真正解决"道"又是从哪来的这一根本问题。如果我们继续追问"无"又从哪来的？道家又怎么回答？显然道家没法回答这个问题，因为这样会遭遇无穷回归的逻辑诘难。所以，道家的本体论不彻底。或者严格地说，从自洽性的角度来讲，道家的本体论和生成论都不彻底。

后来到了魏晋，佛教已经传入东土有些年数了，印度佛教的各种思想学说也不断被引进消化。与此同时，东汉产生的道教也慢慢发展起来，并通过吸收佛教的思想不断发展壮大。特别是魏晋的玄学，通过将儒家的名教观与道家的自然观相互阐发，慢慢把《周易》《老子》和《庄子》的学说不断玄学化。玄学家们试图通过这种玄学化的融合来解决这个问题，但结果是，这个问题却一直没有彻底解决。

二、慧能的《坛经》是转折点

为什么这个问题的解决会这么艰难？因为这其中不仅仅要解决追寻实在的问题，也不仅仅要解决万物的生成问题，更关键的是要解决"有"与"无"相互依存的关系问题。如果解决这个问题的思维建立在"有"与"无"概念分别之上，那么这个问题永远解决不了。因为只要执着于某个概念，那么不管提出什么新概念，这个新概念背后依然还有一个问题：新概念所指称的那个实在又是从哪来的？这就是为什么魏晋之前出现大量本原概念的原因所在。为了探讨万物生成的本原，单单道家经典中就出现了"太极""太一""太易""太初（泰初）""太始""太素""虚无"等这么多的本原概念，一个比一个玄奥。

显然，按照这样一层递进一层不断递推式追问，这个问题永远不可能得到解决。为了走出这样的困境，大乘佛教空宗教义给出的解决办法就是将所有的概念名相统统空掉。为了空得彻底，连"空"也空掉。不如此就无法摆脱概念分别的窠臼。因为只要提及"空"，"空"就成了一个概念名相，就有所指称的实在。于是就无法回避对此"空"来源的进一步追问。

显然从方法论上讲，只要存在概念分别，这个问题就永远解决不了。所以，佛教空宗讲"空"，一口气罗列了十八个"空"，最后强调的就是一切"空空如也"，要彻底把"空"也空掉。佛教空宗为什么要如此讲"空"？根本原因就是要解决"色（有）"与"空（无）"相互依存的关系问题。因此佛教空宗给出了方法论上的杀手锏，那就是中观法，强调"色空一如"。如果用大众熟悉的佛教经典来说，就是《心经》中的这段话："色不异空，空不异色。色即是空，空即是色。"所以，佛教空宗也称为中观派。

当然，这是古代印度的思想遗产。回到我们中国古代，在先秦我们也有类似于中观方法论的中庸之道。遗憾的是，中庸之道在先秦儒家那里主要用于强调"无过无不及"的做人原则，而并非用于解决"有"与"无"相互依存的关系问题。

在古代中国，第一个有意识地来解决"有"与"无"相互依存问题的则是禅宗六祖惠能大师。在记录惠能大师言行的《坛经》之中，惠能语录的高妙之处，就是慧能在涉及"有""无"论述时在方法论上的创新。比如，解释什么是"无念"时，惠能在《坛经》中指出："何名无念？无念法者，见一切法，不著一切法；遍一切处，不著一切处。"① 你看，"无念"不是无"念"，而是无所不念！只要不执着一念，一行三昧就行了！惠能如此解释"无念"，这就是一种全新方法论的突破，所谓的双遣双非。在《坛经》中，这种双遣双非方法的运用随处可见。在古代中国，这便是一种哲学思想方法的革命。

《坛经》在中国古代思想发展史中的重要性，除了创建禅宗顿悟禅法之外，更为重要的贡献就是在思想方法上解决这个"有"与"无"相互依存关系的难题。对此，惠能指出："空，能含日月星辰，大地山河。一切草木，恶人善人，恶法善法，天堂地狱，尽在空中。世人性空，亦复如是。性含万法是大，万法尽是自性。"② 也就是说，性空即万法，万法即性空，超越概念分别。

但凡接受了超越概念分别的方法论，才会发现惠能如此论述万法缘起的

---

① 惠能：《敦煌坛经合校简注》，李申合校、方广锠简注，山西古籍出版社1999年版，第46页。

② 惠能：《敦煌坛经合校简注》，李申合校、方广锠简注，山西古籍出版社1999年版，第42页。

合理性。或者说，只要摆脱了概念分别思维的束缚，惠能对万法缘起的如此立论才能成立。其实，惠能这样的立论也确实符合现代量子理论所揭示的物质本性。因为现代量子理论也同样强调物理概念的并协原理，即任何对易性物理概念，两两之间相互依存。比如波粒二象性，波与粒子不能概念区分。波就是粒子，粒子就是波，就如同"色空一如"。

人们为什么难以理解量子理论，就是因为人们难以摆脱常规概念分别思维方式。对于两个概念 A 和 B，这种常规概念思维方式总是强调 A 是 A，B 是 B，A 与 B 不同。如果人们总是非此即彼地看待事物，特别是万物的终极实在，那么就不能理解波粒二象性这种物质世界的根本属性了。当然，非此即彼地看待万物的生成，人们也同样无法解决"有"与"无"终极实在问题。

反过来说，如果人们希望解决"有"与"无"终极实在问题，那么就必须放弃非此即彼的概念分别思维方式，而采用双遣双非思维方式。"双遣双非"就是摒弃对一切名相的执着，不管是"有"还是"无"，是"色"还是"空"，是"凡"还是"佛"，是"烦恼"还是"菩提"，统统摒弃，但心行无住而已。

在禅悟方法中，双遣双非的具体表现就是"破四句，绝百非"。"破四句"所破的四句就是：有、无、亦有亦无、非有非无。"绝百非"就是摒绝一切概念是非的判别。对于终极实在的任何言说，只有采用这种双遣双非的思维方式，才能够立得住脚跟！就这一点而言，惠能确实是伟大的。尽管惠能没有什么文化，但他的思想境界高明。须知，一个人的思想境界高低与这个人的文化知识多少没有必然的联系。

因此，我们可以说从《坛经》开始，中国本体哲学思想真正走向成熟。这成熟的标志，就是慧能给出的双遣双非方法论。所以，"有"与"无"依存关系问题的彻底解决，就在慧能的《坛经》里面。为什么在中国哲学思想史的论述绕不开慧能的《坛经》？就是因为它实际上就是中国哲学思想发展的一个转折点。

三、禅宗对宋代思想界的影响

有了禅宗以后，禅宗对中国的儒释道三家思想体系的发展都产生了深刻的影响。比如，禅宗经过唐朝发展壮大，到了两宋的时候，中国佛教都是禅宗的天下。两宋时期，其他的中国佛教宗派，如天台宗、法相宗、三论宗、律宗、华严宗、密宗等基本上都消亡了。

道教到了宋代也一样，受到禅宗思想的深刻影响。禅宗对道教的影响在更早晚唐和五代的时候就已经开始了。道教诞生的内丹派，不管是内丹南派还是北派（全真教），都通过吸收禅宗的思想、方法甚至组织方式发展起来。内丹理论的成熟标志就是提出了与先秦道家完全不同的全新本体论，强调元精与元神相互依存。比如在陈抟无极图中的坎离匡郭图，寓意坎水中有金（金情，代表元精），离火中有木（木性，代表元神），只有坎离相互依存中的金木相互交并（土意，代表元气），方能成就金丹，代表终极实在。实际上，这种金木交并思维方式所代表的就是超越概念分别的思维方式。

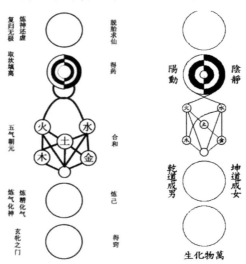

陈抟的无极图（左）与周敦颐的太极图（右）

至于宋代儒家，无论是早期的道学，还是后来的理学，也都受到这种超越概念分别思维方式的影响。比如，北宋儒家道学的开创者周敦颐的思想源头之一，就是陈抟的那张无极图（自下而上解读为个体修炼为金丹之道）。只不过周敦颐将其作了重新解释，变成了太极图（自上而下解读为太极生成万物之理）。

在周敦颐撰写的《太极图说》中，最为关键的思想就体现在"无极而太极"这句话中。用一个"而"字而不是"生"字，就把产生万物的太极（有）与终极实在的无极（无）相互依存地关联起来了。注意，太极不是由无极生成，而是无极所固有的，两者是合二为一关系，是一体的。强调的就是太极即无极，无极即太极，两个是捆绑在了一起的一个本体。这样就解决解决"有"与"无"相互依存的关系问题。

宋代另一位儒家道学思想家张载，撰写了一部重要著作《正蒙》。张载在《正蒙》中提出"太虚即气"的本体哲学思想，同样也有将"有"与"无"合二为一的意思。什么是太虚？太虚就是什么都没有，是"无"。但是，张载说太虚即气，又把这个气（有）给接合到一起去了。这将"太虚"与"气"统一起来的背后还是植根于超越概念分别思维方式的转变。

到了南宋，朱熹把周敦颐奉为理学鼻祖是很有见地的。因为正是有了周敦颐的《太极图说》，加上他所撰写的《周子通书》，才为儒家建立起来真正意义上的本体学说。到了南宋，朱熹在此周敦颐学说的基础上，建立起博大精深的理学思想体系。所以，如果追溯根源，对于两宋理学的兴起，周敦颐的贡献最为卓著。

四、禅法思维的科学实证

现在回过头来再说禅宗。为什么禅宗公案，很多人读不懂？因为他们是用概念分别思维方式去读禅宗公案！要想读懂禅宗公案，人们必须要突破概念分别思维的局限性，用双遣双非的思维方法去体悟，才能读得懂。这个道理古代的禅师们都了然于心。

当然现在稍微厉害一点的科学家也认识到这个道理。原因很简单，这些科学家都了解哥德尔定理所给出的底蕴。这个底蕴就是，建立在逻辑一致性之上的概念逻辑思维不可能把握复杂事物的真知。为了让更多的读者了解哥德尔定理，从而更好地理解禅宗文献中的禅宗公案，我专门撰写出版了《禅悟的实证：禅宗思想的科学发凡》。撰写《禅悟的实证》的目的就是告诉大家，禅宗所倡导并实践的双遣双非思维方式，超越"有"与"无"的分别，符合把握终极实在的要求。

哥德尔定理指出完备性与一致性不能兼顾的结论，实际上体现的也是这个事实：对逻辑真性的把握已经超出了概念逻辑思维的范畴。如果非要用概念逻辑思维去把握完备性的终极实在，那一定会得出自相矛盾而使得逻辑思维出现悖论而崩溃。所以，对于论述类似于禅悟境界的终极实在，完备性与一致性不可能兼顾。

从这个角度上讲，想要把握终极实在，就必须把万事万物统一起来。此时，唯一的途径就是突破逻辑思维束缚。这样的结论不但得到哥德尔定理的支持，而且也得到量子理论的支持。因为既然要研究万物的终极实在，从科学角度讲就离不开对物质本性的探究。对物质本性探究的科学就是量子物理学。

对于量子物理世界的探索研究，迄今为止形成最为权威的理论就是量子理论。那么量子理论对于物质本性的了解又有什么基本的结论呢？与必须用超越概念分别思维把握终极实在的禅法思想一样，量子理论也认为对物质本性的描述同样也要靠超越概念分别的思维方式。在量子理论已有的结论中，物质本性主要表现为物质世界的不确定性、纠缠性以及量子隧穿效应，这些都超越概念分别思维所能把握的范围。

不确定性是指物质粒子所表现出的任何物理量都是本质上不确定的，对其运动的任意描述或预测，因果律不再有效。因此不能用常规的概念分别思维去描述微观粒子的行为。比如，你不能说一个电子位于某个特定的位置。根据量子理论，一个电子可以同时位于整个宇宙所有位置，只不过出现某个位置的概率不同。在量子理论中，微观粒子的这种概率分布存在性，只能用粒子所有位置的波函数叠加态来描述。

纠缠性是指两个同源粒子，不管相距多么遥远，它们具有固有的关联性。如果对其中的一个粒子进行某种测量观察引起了该粒子状态改变，那么与之纠缠一起的另一个粒子也同时会改变状态。这种纠缠关系是固有的，是非力相关的，不需要任何时间，也不需要任何媒介联系。据此量子纠缠性，整个物质世界也就成为不可分割的一个整体，从根本上讲不可概念分别。

量子理论还强调存在量子隧穿现象，不需要通过任何空间路径，就可以穿透某种势垒的隔离，从一个地方穿越到另一个地方。量子隧穿是如何成为可能的呢？根据量子理论，被势垒隔离在一侧的粒子可以在短时间里面去借到能量穿越势垒，只要能在足够短的时间内还回去，那么根据不确定原理，依然可以保持能量守恒。但是由于穿越势垒后，借到的能量还不回去了，于是粒子真的借到能量实现了穿越。这也叫量子隧道效应。根据量子隧道效应，"无"中真的可以生"有"。

于是，我们现在宇宙大爆炸理论就可以根据上述量子物理性质来解决万物之"有"如何从量子真空这个"无"来产生的难题。首先根据量子不确定性，量子真空的能量自然也是不确定的，我们称之为量子波动效应。然后在量子真空能量的波动过程中，产生了量子隧穿，于是就发生了宇宙大爆炸。结果随着时间的演化，大爆炸的能量经过冷却和相互作用，形成了一个整体不可分割的物质世界。于是通过量子纠缠性，就把"无"（量子真空）与"有"（物质世界）纠缠起来了。

在纠缠起来的"有"与"无"，离不开所论述的量子不确定性、量子纠缠性和量子隧穿效应。这些量子性质，都超越我们日常生活的常规思维方式，无法靠逻辑概念分别思维方式把握。

总之，不管是禅法也罢，量子理论也好，都说明了把"无"与"有"相互关联起来完全可能，但一定要用超常规逻辑的思维方式，不能用概念分别思维方式。因此，这也说明只有当我们的思维突破传统逻辑思维的时候，我们才能够真正把握所谓的终极实在，才能够把"有"与"无"统一起来，才能将本体论与生成论也统一起来。

五、横说竖说不离这个禅法

从前面的分析可知，无论是科学还是哲学，如果要论述有关"有"与"无"相互依存的关系问题，都离不开运用超越概念分别的思维方式。此时就会发现看待事物超越概念思维的思想境界与原来传统概念分别的思想境界完全不在同一个层次。所以我们可以发现，以惠能的《坛经》为分界线，中国本体哲学的思想境界前后也完全不一样。不管是丹学、道学、理学，还是后来的心学，在有关"有"与"无"关系问题的处理方面，全部继承了禅法的超逻辑思维方式。尽管这些本体哲学的思想体系强调的内容主旨不同，但在终极实在的论述方式上无不体现禅法的精神。比如，就阳明心学而言，终极实在强调"心即理"，照样运用超越概念分别思维方式来立论。

如果说不同思想体系有什么差别的话，那就是其所要适应的社会发展的时代不同，或者说其所要针对的信众群体不同，需要有更加针对性的叙述方式。从现实的角度、从应用效验的角度、从如何更好地拯救人心的角度，就需要有不同的阐述内容和叙述方式。但任何一个思想体系，只要其足够复杂以便能够解决"有"与"无"相互依存的关系问题，都离不开类似于禅法这样双遣双非的思维方式。

因此，如果能够把禅法参悟透彻了，再去看后起的丹学、道学、理学或心学，那就毫不费力了，本质上大同小异。比如就阳明心学而言，就有人指出其不过是披着儒家外衣的禅宗，可谓一语中的。

但是一定记住，要将"有"与"无"相互依存地统一起来，一定需要一种特殊的思维方式。这种思维方式一定不是我们常规概念分别思维方式。在这种概念分别思维方式中，是非有无不容混淆：要么"是"要么"非"，要么"有"要么"无"，非此即彼。但是，对于思考体悟终极实在，就不能如此这般去想问题。因为一旦如此这般去思考体悟终极实在问题的话，就会落入了概念分别之中不能自拔，就没法把握世界万事万物的终极实在。

其实，对于日常生活也一样，如果希望生活没有烦恼，同样需要将"有"与"无"相互依存的关系把握好。只有这样，才能够在保证整个宇宙或者整个我们所认为的万物万事整体关联的情况下，真正产生我们赖以生存的局部环境。所以不难理解，一方面人们可以体验日常生活的种种乐趣，另一方面人们可以体悟到妙不可言的禅境，这完全是不矛盾的事情。如果说禅境是"无"，乐趣是"有"，那么将"有""无"关联起来的"日用是道"自然就可以成立了。由此可见解决"有"与"无"相互依存的关系问题非常重要。在这其中，关键是不要被习惯性的概念分别思维所束缚。

阅读禅宗文献中的公案也如此，不能总是带着概念分别思维进行学问探索式研究，非要思考出其中逻辑一贯的含义。之所以如此，就是没有理解禅宗公案更深层次的言外之意，总是从字面意义上去揣摩推测。这样显然就大错特错了，与禅宗公案原本的参悟宗旨刚好南辕北辙。禅宗公案的宗旨其实很简单，就是要给大家找到一种能够达到平常心的、如如之境的简捷途径。所以，公案不会符合逻辑一致性，公案中禅师们的言语行为也不会前后表现一致，去迁就我们所谓的学术规范。禅师们是运用一套特有的方法手段，以便更好启发学人，尽快达到无住生心的境界。

所以，阅读禅宗公案必须突破概念分别的思维方式，不能站在非黑即白的立场上看待公案里的人与事、言与行。即使在生活中也要放弃这种非黑即白的思维模式，人们生活才会少些没有必要的烦恼。比如就拿好人还是坏人来说吧，世界上没有绝对的好人，也没有绝对的坏人。我们每一个人都是多多少少都有好坏的叠加，某一个时刻是好还是坏，依赖于动态变化的社会价值评价标准以及不同的他人此时此地的主观评价。

在日常生活中，不能用这种非黑即白的思维方式去看待事物。为此，就需要解决"有"与"无"相互依存的关系问题了。对应到人性的"好"与"坏"也一样，不能总认为"好"就是"好"，"坏"就是"坏"，而是要认识到"好"与"坏"相互依存，可以相互转化。"好"与"坏"是人性的一体两面，有时候表现出"好"，有时表现出"坏"，但两个是一体的，都是人性的表现。人们只有这样去看一切事物，生活中的烦恼就会少去很多。

当然，学者做学问还是要去做逻辑一致性的论述，不能够和稀泥。但日常生活的百姓就不一样了，为了追求生活幸福，就必须超越概念分别思维方式。所以这个"有"与"无"的关系问题，人们需要把它彻底解决好。如此，人们才能够发明心地。通过双遣双非，将一切疑惑都脱落了。人们心中没有挂碍，于是就自在了。

后　记

从认知科学视角来证验禅法的合理性，是一项具有挑战性的研究工作。虽然我们这部学术著作从认知语用学、认知博弈论、认知逻辑学以及认知心理学等多学科途径，对禅法表现和效果进行了分析与验证。但必须承认的是，我们这里所给出的成果还是十分粗浅的。之所以出版这部专著，主要希望能够引起学术界的关注，起到抛砖引玉的作用。我们期待有更多有识之士来为弘扬中华优秀文化做出更为深入研究的贡献。

随着科学技术不断深入运用到人文学科领域，科学与人文的界限越来越模糊。特别是哲学实验方法的不断普及，原本属于人文学科的学术问题，越来越多地引起科学家们的关注。尽管就国内学术界而言，这样的介入还非常有限，从事这方面研究的学者也寥寥无几。但我们相信随着时间的推移，无论是深度还是广度，科学与人文的融合一定会是未来人文学科探索发展的主要趋势之一，即所谓的"新文科"。

不过，对于禅学而言，要建立这样的"新文科"似乎存在着一条不可逾越的鸿沟。因为当涉及禅悟境界的科学描述时，我们就无法回避那个不可思议的终极实在问题。为了能够就此问题的研究有个入手，我们可以将东方深奥禅学类比到西方神秘神学之上。这样我们就可以借助西方对这种神秘现象的心理学研究，来开展东方深奥禅学类似的研究探讨。

比如，基督教神秘主义学者狄奥尼修斯在《神秘神学》一书中，对这种终极实在神秘存在的论述中强调："他的超越黑暗隐于一切光线之外，不为所有知识了解。"[1] 类似于此类神秘性存在的论述，好像讲的就是不可言说又无

---

[1]　狄奥尼修斯：《神秘神学》，包利民译，生活·读书·新知三联书店 1998 年版，第 201 页。

所不在的禅悟境界，万物本原。

从这个角度看西方神秘主义的神学，跟禅学所要论述禅悟境界基本上是相容的。特别是狄奥尼修斯指出："他既不可被'不存在'，也不可被'存在'所描述。存在者并不知道他的真实存在，他也不按它们的存在认知它们。关于他，既没有言说，也没有名字或知识。黑暗与光明、错误与真理——他一样也不是。他超越肯定与否定。我们只能对次于他的事物作肯定与否定，但不可以对他这么做，因为他作为万物完全的和独特的原因，超出所有的肯定；同时由于他高超的单纯和绝对的本性，他不受任何限制并超越所有局限；他也超出一切否定之上。"① 这里的论述与禅悟境界存在性描述如出一辙，其中跃然纸上双遣双非方法的运用并不亚于禅师们的机锋话语！

可见，人们对自我本性的深刻感悟是超越文化和语言的。或者说我们对内在自性的认识只取决于个体对万物和生活的洞察深度！所以，对于禅悟所要达成的终极意识状态，就可以用西方心理学话语来描述。比如，美国著名心理学家威廉·詹姆士谈及终极体验时就指出："我想人可以确实说：私人的宗教经验的根底和中心是在于神秘的意识状态。"②

禅悟境界或者禅定状态，就是詹姆士所描述神秘意识状态。按照詹姆士的研究，这种神秘意识状态具备这样一些性质：超言说性（不可言说）、体悟性（不思而得）、瞬现性（瞬间顿悟）以及被动性（不期而至）③。当然西方心理学家们还会进一步增加一些神秘意识状态的其他性质，比如统一性（打成一片）、超越时空性（无内外无将迎）、真实性（真如本性）和似是而非性（双遣双非）等④。显而易见，西方心理学对这些神秘意识状态的性质描述，都没有超出禅师们对禅悟境界及其达成的刻画描述。

---

① 狄奥尼修斯：《神秘神学》，包利民译，生活·读书·新知三联书店 1998 年版，第 104 页。

② 詹姆士：《宗教经验之种种：人性之研究》，唐钺译，商务印书馆 2002 年版，第 376 页。

③ 詹姆士：《宗教经验之种种：人性之研究》，唐钺译，商务印书馆 2002 年版，第 377 - 378 页。

④ 梅多和卡霍：《宗教心理学：个人生活中的宗教》，陈麟书等译，四川人民出版社 1990 年版，第 215 - 217 页。

但有趣的是，作为心理学家的詹姆士又指出："一氧化二氮和醚，特别是前者，假如将空气与它混合得够淡薄，非常会引起神秘意识。"① 这似乎又使得神秘意识状态的达成不那么神秘了。不过对于禅法修持者而言，神秘意识状态的内源性体验而非外源性激发，才是其彻悟心性的关键所在。

从上述意义上讲，神秘意识状态及其达成途径的认知证验，是沟通东方与西方、科学与人文以及古代与现代不可回避的一道坎。这就是为什么，自从开展国故新知探索研究以来，我一直将天道心性问题的研究作为中心工作的根本原因。

在书稿完成之际，我要感谢我的弟子们为这部学术著作的形成所做出的贡献。他们是浙江大学中文系博士生贾小飞、杨一姝，厦门大学哲学系国学专业博士后黄敏，厦门大学哲学系逻辑学专业博士生何孟杰、高金胜，厦门大学人工智能系博士生李睿，以及厦门大学人工智能系硕士生赵建强、杨一鸣、杨田雨、徐昊。此外我还要感谢参加乐易启悟修持实验的全体被试们，这些被试许多都是乐易启悟修持培训班的学员，为乐易启悟修持的效验证实作出了贡献。还要预祝我的那些尚未毕业的博士生能够早日圆满完成学业。他们是国学专业的付汝瑞、陈俊泽、刘平华、樊林君，逻辑学专业的叶丽珍，人工智能专业的张泽洋、宗楠楠，以及中医诊断学专业的李军、郭志玲、袁培、郭丹丹、刘嘉懿。

最后，我要感谢我的夫人丁晓君博士为书稿文字的完善做出的辛勤劳动。新春伊始，祝愿与读者们一起共克时艰，去迎接人类更加美好的未来。

周昌乐，2022 年 2 月 12 日

---

① 詹姆士：《宗教经验之种种：人性之研究》，唐钺译，商务印书馆 2002 年版，第379 页。

参考文献

（先中文后外文，按作者名拼音首字符字母为序）

[1] 巴拉. 认知语用学：交际的心智过程 ［M］. 杭州：浙江大学出版社，2013.

[2] 程颢、程颐. 二程遗书 ［M］. 上海：上海古籍出版社，2000.

[3] 丹尼特. 直觉泵和其他思考工具 ［M］. 杭州：浙江人民出版社，2019.

[4] 道元. 景德传灯录 ［M］. 成都：成都古籍书店，2000.

[5] 道原. 景德传灯录译注 ［M］. 上海：上海书店出版社，2010.

[6] （托名）狄奥尼修斯. 神秘神学 ［M］. 北京：生活·读书·新知三联书店，1998.

[7] 高金胜. 禅宗机锋博弈的认知逻辑基础研究 ［D］. 博士学位论文，厦门大学人文学院，2017.

[8] 高新民. 意向性难题的中国式解析 ［J］. 哲学动态，2008（4）：80-84.

[9] 高振农. 大乘起信论校释 ［M］. 北京：中华书局，1994.

[10] 格里宾. 大爆炸探秘——量子物理与宇宙学 ［M］. 上海：上海科技教育出版社，2000.

[11] 河北禅学研究所. 禅宗七经 ［M］. 北京：宗教文化出版社，1997.

[12] 何孟杰、周昌乐. 哲学的实验范式与实验方法 ［J］. 哲学动态，2014（11）：91-97.

[13] 何晏注（宋）邢昺疏. 论语注疏 ［M］. 北京：北京大学出版社，1999.

[14] 忽滑谷快天. 中国禅学思想史 ［M］. 上海：上海古籍出版社，1994.

[15] 惠能. 敦煌坛经合校简注 ［M］. 太原：山西古籍出版社，1999.

［16］河村照孝. 卍新续藏［M］. 东京：株式会社国书刊行会，1975 - 1989.

［17］绩藏主. 古尊宿语录［M］. 北京：中华书局，1994.

［18］净慧. 禅宗名著选编［M］. 北京：书目文献出版社，1994.

［19］今释. 丹霞澹归禅师语录［M］. 台北：新文丰出版公司，1987.

［20］静、筠. 祖堂集［M］. 郑州：中州古籍出版社，2001.

［21］柯拉柯夫斯基. 宗教：如果没有上帝…［M］. 北京：生活·读书·新知三联书店，1997.

［22］赖永海. 中国佛性论［M］. 北京：中国青年出版社，1999.

［23］蓝吉富. 禅宗全书［M］. 台北：文殊出版社，1988.

［24］李睿. 基于若干高阶认知功能的计算分析及应用［D］. 博士学位论文，厦门大学信息学院，2018.

［25］梁瑞清. 语言的指引性浅谈——以早期 Wittgenstein 和禅宗为例［J］. 外语学刊，2013（3）：66 - 72.

［26］林忠军. 易纬导读［M］. 济南：齐鲁书社，2002.

［27］铃木俊隆. 禅者的初心［M］. 海口：海南出版社，2012.

［28］梅多和卡霍. 宗教心理学：个人生活中的宗教［M］. 成都：四川人民出版社，1990.

［29］普济. 五灯会元［M］. 北京：中华书局，1984.

［30］萨根. 魔鬼出没的世界——科学，照亮黑暗的蜡烛［M］. 长春：吉林人民出版社，1998.

［31］塞尔. 心灵的再发现［M］. 北京：中国人民大学出版社，2005.

［32］深有. 黄檗无念禅师复问［M］. 台北：新文丰出版公司，1987.

［33］石峻. 中国佛教思想资料选编［M］. 北京：中华书局，1981.

［34］智旭. 周易禅解［M］. 北京：九州出版社，2004.

［35］韦伯. 看不见的世界——碰撞的宇宙，膜，弦及其他［M］. 长沙：湖南科学技术出版社，2007.

［36］王弼注、韩康伯注，孔颖达正义. 周易正义［M］. 北京：中国致公出版社，2009.

［37］徐昊、黄敏、周昌乐. 用于冥想神经反馈系统的脑电图数据挖掘研究［J］. 厦门大学学报（自然科学版），2018（2）：258 - 264.

［38］徐昊. 智能冥想神经反馈系统［D］. 硕士学位论文，厦门大学信息学院，2018.

［39］徐湘霖. 从唯识认识论看现象学的意向性构成理论［J］. 四川师范大学学报（社会科学版），2006（3）：19－25.

［40］延寿. 宗镜录［M］. 东京：大藏出版株式会社，1988.

［41］杨田雨. 双人会话脑电同步性计算方法［D］. 硕士学位论文，厦门大学信息学院，2017.

［42］杨一鸣. 机锋博弈的计算模拟［D］. 硕士学位论文，厦门大学信息学院，2016.

［43］杨一姝. 禅宗机锋交际的交际模型研究［D］. 博士学位论文，浙江大学人文学院，2017.

［44］詹姆士. 宗教经验之种种：人性之研究［M］. 北京：商务印书馆，2002.

［45］张立文. 帛书周易注释（修订版）　［M］. 郑州：中州古籍出版社，2008.

［46］赵建强. 基于多尺度排列熵的乐易心法实证研究［D］. 硕士学位论文，厦门大学信息学院，2016.

［47］赵建强、周昌乐. 短期禅修效果的脑电图多尺度排列熵分析［J］. 厦门大学学报（自然科学版），2016（3）：420－425.

［48］郑玄注、孔颖达疏. 礼记正义［M］. 北京：北京大学出版社，1999.

［49］周昌乐. 认知逻辑导论［M］. 北京：清华大学出版社，2001.

［50］周昌乐. 透视哲学研究中的计算建模方法［J］. 厦门大学学报（哲学社会科学版），2005（1）：5－13.

［51］周昌乐. 禅悟的实证：禅宗思想的科学发凡［M］. 北京：东方出版社，2006.

［52］周昌乐. 逻辑悖论的语义动力学分析及其意义［J］. 北京大学学报（哲学社会科学版），2008（1）：70－79.

［53］周昌乐、黄华新. 从思辨到实验：哲学研究方法的革新［J］. 浙江社会科学，2009（4）：2－10.

［54］周昌乐. 从当代脑科学看禅定状态达成的可能性及其意义［J］. 杭州师

范大学学报（哲学社会科学版），2010（3）：17-23.

［55］周昌乐. 禅宗心法的意向性分析［J］. 中国佛学，2011（29）：122-132.

［56］周昌乐. 哲学实验：一种影响当代哲学走向的新方法［J］. 中国社会科学，2012（10）：30-46，205.

［57］周昌乐. 博学切问［M］. 厦门：厦门大学出版社，2015.

［58］周昌乐. 通智达仁：传授心法述要［M］. 厦门：厦门大学出版社，2018.

［59］朱莉. 双人跨脑EEG数据分析的计算方法及其算法实现［D］. 博士学位论文，厦门大学信息学院，2019.

［60］Aftanas L I and Golocheikine S A. Human Anterior and Frontal Midline Theta and Lower Alpha Reflect Emotionally Positive State and Internalized Attention：High-resolution EEG Investigation of Meditation［J］. Neuroscience Letters，2001，310（1）：57-60.

［61］Austin J H. Zen and the Brain：Toward an Understanding of Meditation and Consciousness［M］. Cambridge：The MIT Press，1999.

［62］Babiloni F, Astolfi L. Social Neuroscience and Hyperscanning Techniques：Past, Present and Future［J］. Neuroscience and Biobehavioral Reviews，2014，44：76-93.

［63］Bærentsen K B, St. Dkilde-Jr. Rgensen H, Bo S, et al. An investigation of Brain Processes Supporting Meditation［J］. Cognitive Processing，2010，11（1）：57-84.

［64］Brentano F C. Psychology from an Empirical Standpoint［M］. London：Routledge and Kegan Paul，1973.

［65］Bullmore E T, Sporns O. Complex Brain Networks：Graph Theoretical Analysis of Structural and Functional Systems［J］. Nature Reviews Neuroscience，2009，10（3）：186-198.

［66］Cahn R, Polich J. Meditation States and Traits：EEG, ERP, and Neuroimaging Studies［J］. Psychological Bulletin，2006，132（2）：180-211.

［67］Chang K M, Lo P C. F-VEP and Alpha-suppressed EEG-physiological Evidence of Inner-light Perception during Zen Meditation［J］, Biomedical Engineering – Applications, Basis and Communications, 2006, 18 (1): 1 –7.

[68] Chiesa A. Zen Meditation: An Integration of Current Evidence [J], Journal of Alternative and Complementary Medicine, 2009, 15 (5): 585 –592.

[69] Coben R, Evans J R. Neurofeedback and Neuromodulation Techniques and Applications [M]. London: Academic Press, 2011.

[70] Farb N, Segal Z V, Mayberg H, et al. Attending to the Present: Mindfulness Meditation Reveals Distinct Neural Models of Self – reference [J]. Social Cognitive and Affective Neuroscience, 2007, 2 (4): 313 –322.

[71] Fell J, Axmacher N, Haupt S. From Alpha to Gamma: Electrophysiological Correlates of Meditation – related States of Consciousness [J]. Medical Hypotheses, 2010, 75 (2): 218 –224.

[72] Gendler T S. Thought Experiments Rethought — and Reperceived [J]. Philosophy of Science, 2004, 71 (5): 1152 –1164.

[73] Grim P. Greater Generosity of the Spatialized Prisoner's Dilemma [J]. Journal of Theoretical Biology, 1995, 173 (4): 353 –359.

[74] Grice P. Logic and Conversation [G]. In Cole P., Morgan J. (eds.) Syntax and Semantics: Speech Acts. London: Academic Press, 1975.

[75] Grice P. Studies in the Way of Words [M]. Cambridge: Harvard University Press, 1989.

[76] Hebert R, Lehmann D, Tan G, et al. Enhanced EEG Alpha Time – domain Phase Synchrony during Transcendental Meditation: Implications for Cortical Integration Theory [J]. Signal Processing, 2005, 85 (11): 2213 –2232.

[77] Hölzel B K, Ott U, Hempel H, et al. Differential Engagement of Anterior Cingulate and Adjacent Medial Frontal Cortex in Adept Meditators and Non – meditators [J]. Neuroscience Letters, 2007, 421 (1): 16 –21.

[78] Huang M, Chen J Z, Zhou C L. Feature Extraction and Calibration of EEG Signals in Sitting and Walking Meditation [C]. IEEE International Conference on Knowledge Innovation, Seoul, South Korea, July 13 – 16, 2019.

[79] Lagopoulos J, Xu J, Rasmussen I. Increased Theta and Alpha EEG Activity During Nondirective Meditation [J]. The Journal of Alternative and Comple-

mentary Medicine, 2009, 15 (11): 1187 – 1192.

[80] Leslie A M. Pretense and Representation: The Origins of "Theory of Mind" [J]. Psychological Review, 1987, 94 (4): 412 – 426.

[81] Leslie A M. Pretending and Believing: Issues in the Theory of ToMM [J]. Cognition, 1994, 50 (1 – 3): 211 – 238.

[82] Levinson S C. Pragmatic Reduction of the Binding Conditions Revisited [J]. Journal of Linguistics, 1991, 27 (1): 107 – 161.

[83] Li R, Zhu M Y, Li J N, et al. Precise Segmentation of Densely Interweaving Neuron Clusters Using G – Cut [J]. Nature Communication, 2019, vol. 10, Article no. 1549.

[84] Lo P C, Huang M L, Chang K M. EEG Alpha Blocking Correlated with Perception of Inner Light during Zen Meditation [J]. American Journal of Chinese Medicine, 2003, 31 (4): 629 – 642.

[85] Lou H C, Kjaer T W, Friberg L, et al. A 15O – H2O PET Study of Meditation and the Resting State of Normal Consciousness [J]. Human Brain Mapping, 1999, 7 (2): 98 – 105.

[86] Lutz A, Greischar L L, Rawlings N B, et al. Long – term Meditators Self – induce High – amplitude Gamma Synchrony during Mental Practice [J]. Proceedings of the National Academy of Sciences USA, 2004, 101 (46): 16369 – 16373.

[87] Mar G, St. Denis P. Chaos in Cooperation: Continuous – valued Prisoner's Dilemma in Infinite – valued Logic [J]. International Journal of Bifurcation and Chaos, 1994, 4 (4): 943 – 958.

[88] McRae J R. The Antecedents of Encounter Dialogue in Chinese Chan Buddhism [G]. in Heine S., Wright D. S. (eds.), The Koan: Texts and Contexts in Zen Buddhism. Oxford University Press, 2000.

[89] Montague R P, Berns G, Cohen J, et al. Hyperscanning: Simultaneous fMRI during Linked Social Interactions [J]. Neuroimage, 2002, 16 (4): 1159 – 1164.

[90] Newberg A, Alavi A, Baime M, et al. The Measurement of Regional Cerebral Blood Flow during the Complex Cognitive Task of Meditation: A Preliminary

SPECT Study [J]. Psychiatry Research, 2001, 106: 113 – 122.

[91] Nichols S, Stich S. A Cognitive Theory of Pretense [J]. Cognition, 2000, 74 (2): 115 – 147.

[92] Schick T. Vaughn L. , Doing Philosophy: An Introduction Through Thought Experiments [M]. McGraw – Hill, 2005.

[93] Seizan Y. The Developing Tradition: The "Record Sayings" Texts of the Chinese Chán Buddhism [C]. in Lai W, Lancaster L. (eds.), Early Chán in China and Tibet. Fremont: Asian Humanities Press, 1983.

[94] Short B E, Samet K, Mu Q W, et al. Regional Brain Activation During Meditation Shows Time and Practice Effects – An Exploratory FMRI Study [J]. Evidence – Based Complementary and Alternative Medicine, 2010, 7 (1): 121 – 127.

[95] Stam C J. Nonlinear Dynamical Analysis of EEG and MEG: Review of an Emerging Field [J]. Clinical Neurophysiology, 2005, 116 (10): 2266 – 2301.

[96] Stam C J, Van Dijk B W. Synchronization Likelihood: An Unbiased Measure of Generalized Synchronization in Multivariate Data Sets [J]. Physica D: Nonlinear Phenomena, 2002, 163 (3): 236 – 251.

[97] Steinhart E. The Logic of Metaphor: Analogous Parts of Possible Worlds [M]. Kluwer Academic Publishers, 2001.

[98] Swirski P. Of Literature and Knowledge: Explorations in Narrative Thought Experiments, Evolution and Game Theory [M]. London and New York: Routledge, 2007.

[99] Tang Y Y, Hölzel B K, Posner M I. The Neuroscience of Mindfulness Meditation [J]. Nature Reviews Neuroscience, 2015, 16: 213 – 225.

[100] Travis F, Wallace R K. Autonomic and EEG Patterns during Eyes – closed Rest and Transcendental Meditation (TM) Practice: The Basis for a Neural Model of TM Practice [J]. Conscious Cognition, 1999, 8 (3): 302 – 318

[101] Travis F, Haaga D, Hagelin J, et al. Self – referential Awareness: Coherence, Power, and Eloreta Patterns during Eyes – closed Rest, Transcendental Meditation and TM – sidhi Practice [J]. Journal of Cognitive Processing,

2010, 11 (1): 21 –30.

[102] Von Stein A, Sarnthein J. Different Frequencies for Different Scales of Cortical Integration: From Local Gamma to Long Range Alpha/theta Synchronization [J]. International Journal of Psychophysiology, 2000, 38 (3): 301 –313.

[103] Watts D J, Strogatz S H. Collective Dynamics of "Small – world" Networks [J]. Nature, 1998, 393 (6684): 440 –442.

[104] Weisz N, Hartmann T, Müller N, et al. Alpha Rhythms in Audition: Cognitive and Clinical Perspectives [J]. Frontiers in Psychology, 2011, vol. 2, Article 73.

[105] Wilson M, Wilson T P. An Oscillator Model of the Timing of Turn – taking [J]. Psychonomic Bulletin and Review, 2005, 12 (6): 957 –968.

[106] Yang T Y, Yang Y S, Zhou C L. Hyperconnectivity by Simultaneous EEG Recordings during Turn – taking [C]. Proceedings of the 2nd International Conference on Vision, Image and Signal Processing, Las Vegas, NV, AUG. 27 –29, 2018.